编委会

主　编：李　敏
副主编：柳　波
参　编：何　静　鲍　影　谢丹木　高　雨

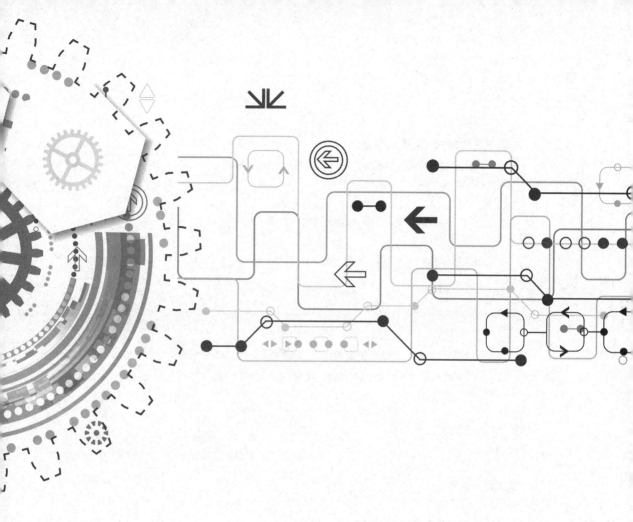

主编 ◎ 李敏

物联网技术
综合应用实训教程

四川大学出版社
SICHUAN UNIVERSITY PRESS

图书在版编目（CIP）数据

物联网技术综合应用实训教程 / 李敏主编．— 成都：
四川大学出版社，2023.9
　ISBN 978-7-5690-5812-3

Ⅰ．①物… Ⅱ．①李… Ⅲ．①物联网—教材 Ⅳ．
①TP393.4②TP18

中国国家版本馆 CIP 数据核字（2023）第 157464 号

书　　名：物联网技术综合应用实训教程
　　　　　Wulianwang Jishu Zonghe Yingyong Shixun Jiaocheng
主　　编：李　敏

选题策划：敬铃凌　梁　平
责任编辑：梁　平
责任校对：杨　果
装帧设计：裴菊红
责任印制：王　炜

出版发行：四川大学出版社有限责任公司
　　　　　地址：成都市一环路南一段 24 号（610065）
　　　　　电话：（028）85408311（发行部）、85400276（总编室）
　　　　　电子邮箱：scupress@vip.163.com
　　　　　网址：https://press.scu.edu.cn
印前制作：四川胜翔数码印务设计有限公司
印刷装订：四川盛图彩色印刷有限公司

成品尺寸：185 mm×260 mm
印　　张：8.25
字　　数：202 千字

版　　次：2023 年 11 月　第 1 版
印　　次：2023 年 11 月　第 1 次印刷
定　　价：35.00 元

扫码获取数字资源

四川大学出版社
微信公众号

前　　言

　　随着国内外物联网技术的发展，物联网技术运用在了人类社会生活的各个方面。本书主要介绍了基于物联网技术的智慧农业大棚综合应用系统。

　　智慧农业大棚综合应用系统基于一体化农业大棚模型，模拟真实大棚种植环境和智能控制场景，主要包含农业大棚主体、环境采集系统、温控系统、灌溉系统、补光系统、图像远程监测系统、智能远程交互控制终端等。

　　本系统涵盖了农业学科、电子工程学科、计算机科学学科、数据科学学科和机械工程学科等，其学科跨度大、技术综合、课程内容综合。本系统配有完备的开发学习资料，紧跟行业应用，助力学校复合型人才培养。本系统不仅支持教学使用，还支持二次开发，可用于学生开展创新创业设计大赛及大学生电子设计竞赛的赛前训练。

　　物联网作为一门理论与实践相结合的学科，最重要也是最难的事情就是将一些简单的理论知识系统化，将理论知识运用于生活实践，并在理论与实践的基础上加以创新。本书就旨在让读者能够在书本中获取理论知识并运用于实践，做到在理论中实践，在实践中丰富理论知识。本书首先对智慧农业大棚技术进行了分析，然后介绍了智慧农业大棚综合应用系统的实践操作，以便让读者了解并掌握如何将物联网技术运用于农业，如何进行智慧农业大棚综合系统的开发。

　　第 1 章对物联网进行了全面介绍，为后续的学习做好铺垫工作。

　　第 2 章介绍物联网与智慧农业大棚之间的联系，并详细介绍了智慧农业大棚综合应用系统的基础知识以及需要的相关软硬件的要求和注意事项。

　　第 3 章介绍如何实现智慧农业大棚环境数据检测与传输，从而得到实现智慧农业大棚系统的基础数据。数据的检测和传输是实现智慧农业大棚系统开发的前提条件。

　　第 4 章介绍的是智慧农业大棚数据的存储与分析，分析该智慧农业大棚的数据是如何存储的以及如何管理和分析这些数据。

　　第 5 章介绍的是如何实施智慧农业大棚应用系统中的各个任务。

　　第 6 章介绍的是基于 AI 的智慧农业应用项目的拓展。

　　附录介绍了一些相关指令。

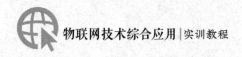

本书配备有智慧农业大棚全部实验的安装实验程序、源代码等，供读者选用。详情可以咨询电子邮箱：hejing777701@163.com。

由于时间仓促，加上编者水平有限，书中难免会有疏漏之处，恳请各位读者批评指正。

编　者

2023 年 7 月

目　　录

1 物联网概述

1.1 物联网的定义与特征

1.1.1 物联网的定义

物联网（IoT，Internet of Things）即"万物相连的互联网"，是在互联网基础上延伸和扩展的网络，是将各种信息传感设备与网络结合起来而形成的一个巨大网络，实现任何时间、任何地点，人、机、物的互联互通，如图1—1所示。

图1—1 物联网

至今为止，物联网还没有一个权威统一的定义，根据目前各种对物联网定义的表述，其基本含义可归纳为：利用各种自动标识技术与信息传感设备及系统，按照约定的通信协议，通过各种类型网络的接入，把任何物品与互联网相连接，进行信息交换与通信，以实现智能化识别、定位、跟踪、监控和管理的一种信息网络。

物联网是新一代信息技术的重要组成部分，意指物物相连，万物万联。由此，物联网就是物物相连的互联网。这有两层意思：第一，物联网的核心和基础仍然是互联网，是在互联网基础上延伸和扩展的网络；第二，其用户端延伸和扩展到了任何物品

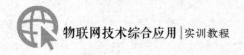

与物品之间，进行信息交换和通信。

1.1.2 物联网的特征

从通信对象和过程来看，物与物、人与物之间的信息交互是物联网的核心。物联网的基本特征可概括为整体感知、可靠传输和智能处理。

1. 整体感知

利用射频识别（RFID）、二维码、智能传感器等感知设备感知获取物体的各类信息。

2. 可靠传输

通过对互联网、无线网络的融合，将物体的信息实时、准确地传送，以便信息交流、分享。

3. 智能处理

使用各种智能技术，对感知和传送到的数据、信息进行分析处理，实现监测与控制的智能化。

根据物联网的以上特征，结合信息科学的观点，围绕信息的流动过程，可以归纳出物联网处理信息的功能：

（1）获取信息的功能：主要是信息的感知、识别。信息的感知是指对事物属性状态及其变化方式的知觉和敏感；信息的识别指能把所感受到的事物状态用一定方式表示出来。

（2）传送信息的功能：主要是指信息发送、传输、接收等环节，最后把获取的事物状态信息及其变化的方式从时间（或空间）上的一点传送到另一点，这就是常说的通信过程。

（3）处理信息的功能：指信息的加工过程，即利用已有的信息或感知的信息产生新的信息，实际是制定决策的过程。

（4）施效信息的功能：指信息最终发挥效用的过程，其有很多的表现形式，比较重要的是通过调节对象事物的状态及其变换方式，始终使对象处于预先设计的状态。

1.2 物联网的起源和技术支持

1.2.1 物联网概念的产生

物联网概念最早出现于比尔·盖茨 1995 年《未来之路》一书。在《未来之路》

中，比尔·盖茨已经提及物联网概念，只是当时受限于无线网络、硬件及传感设备的发展，并未引起世人的重视。

1998 年，美国麻省理工学院创造性地提出了当时被称作 EPC 系统的"物联网"的构想。

1999 年，美国 Auto-ID 研究中心提出"物联网"的概念，其主要是建立在物品编码、RFID 技术和互联网的基础上。之前在中国，物联网被称为传感网。中科院早在 1999 年就启动了对传感网的研究，并取得了一些科研成果，建立了一些适用的传感网。同年，在美国召开的移动计算和网络国际会议提出，传感网是下一个世纪人类面临的又一个发展机遇。

2003 年，美国《技术评论》提出传感网络技术将是未来改变人们生活的十大技术之首。

2005 年 11 月 17 日，在突尼斯举行的信息社会世界峰会（WSIS）上，国际电信联盟（ITU）发布了《ITU 互联网报告 2005：物联网》，正式提出了"物联网"的概念。报告指出，无所不在的"物联网"通信时代即将来临，世界上所有的物体从轮胎到牙刷、从房屋到纸巾都可以通过互联网主动进行交换。射频识别技术、传感器技术、纳米技术、智能嵌入技术将得到更加广泛的应用和关注。

2021 年 7 月 13 日，中国互联网协会发布了《中国互联网发展报告（2021）》：物联网市场规模达 1.7 万亿元，人工智能市场规模达 3031 亿元[1]。

2021 年 9 月，工信部等八部门印发《物联网新型基础设施建设三年行动计划（2021—2023 年）》，明确到 2023 年底，在国内主要城市初步建成物联网新型基础设施，社会现代化治理、产业数字化转型和民生消费升级的基础更加稳固[2]。

1.2.2　物联网的技术支持

1.　普适计算

普适计算又称普存计算、普及计算、遍布式计算、泛在计算，是一个强调和环境融为一体的计算概念，而计算机本身则从人们的视线里消失。在普适计算的模式下，人们能够在任何时间、任何地点、以任何方式进行信息的获取与处理。

普适计算是一个涉及研究范围很广的课题，包括分布式计算、移动计算、人机交互、人工智能、嵌入式系统、感知网络以及信息融合等多方面技术的融合。

---

① 张文婷、吕骞：《中国互联网发展报告：我国移动通信基站总数达 931 万个》，http://finance.people.com.cn/n1/2021/0714/c1004-32157466.html.

② 赵竹青、陈键：《物联网发展提速！2023 年底在国内主要城市初步建成物联网新型基础设施》，http://finance.people.com.cn/n1/2021/0930/c1004-32242924.html.

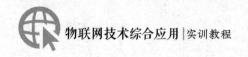

2. CPS

2006 年，美国国家科学基金会的 Helen Gill 提出了 CPS（Cyber－Physical Systems）的概念，并将其列为重要的研究项目。"Cyber"指的是信息系统，"Physical"指的是物理系统（设备、环境、生产资料）。CPS 强调的是物理世界和信息世界之间实时的、动态的信息回馈、循环过程。CPS 是一个综合计算、网络和物理环境的多维复杂系统，通过 3C（Computation、Communication、Control）技术的有机融合与深度协作，实现大型工程系统的实时感知、动态控制和信息服务。CPS 实现计算、通信与物理系统的一体化设计，可使系统更加可靠、高效、实时协同，具有重要而广泛的应用前景。

3. M2M 系统框架

M2M 是 Machine－to－Machine/Man 的简称，是一种以机器终端智能交互为核心的、网络化的应用与服务。它将使对象实现智能化的控制。M2M 技术涉及 5 个重要的技术部分：机器、M2M 硬件、通信网络、中间件、应用。基于云计算平台和智能网络，可以依据传感器网络获取的数据进行决策，改变对象的行为，进行控制和反馈。

以智能停车场为例，当该车辆驶入或离开天线通信区时，天线以微波通信的方式与电子识别卡进行双向数据交换，从电子车卡上读取车辆的相关信息，在司机卡上读取司机的相关信息，自动识别电子车卡和司机卡，并判断车卡是否有效和司机卡的合法性，核对车道控制电脑显示与该电子车卡和司机卡一一对应的车牌号码及驾驶员等资料信息；车道控制电脑自动将通过时间、车辆和驾驶员的有关信息存入数据库中，车道控制电脑根据读到的数据判断是正常卡、未授权卡、无卡还是非法卡，据此做出相应的回应和提示。

4. 云计算

云计算是指通过网络把多个成本相对较低的计算实体整合成一个具有强大计算能力的完美系统，并借助先进的商业模式让终端用户可以得到这些强大计算能力的服务。如果将计算能力比作发电能力，那么从单机计算模式转向云计算模式，就好比古老的单机发电模式转向现代电厂集中供电的模式，而"云"就好比发电厂，具有单机所不能比拟的强大计算能力。这意味着计算能力也可以作为一种商品进行流通，就像煤气、水、电一样，取用方便、费用低廉，甚至用户无须自己配备。与电力是通过电网传输不同，计算能力是通过各种有线、无线网络传输的。因此，云计算的一个核心理念就是通过不断提高"云"的处理能力，不断减少用户终端的处理负担，最终使其简化成一个单纯的输入输出设备，并能按需享受"云"强大的计算处理能力。物联网感知层先获取大量数据信息，在经过网络层传输以后，放到一个标准平台上，再利用高性能的云计算对其进行处理，赋予这些数据智能，才能最终转换成对终端用户有用的信息。

上述仅提到了一部分相关技术，实际上，包括射频识别技术、传感网络等都是物联网发展的技术支撑。

1.3　物联网的体系架构与主要技术

物联网的概念定义中，主要包含了三个方面的内容：感知识别、网络连接和管理应用。因此，一般把物联网的结构分为感知层、网络层、应用层三大层次，其层次结构如图 1-2 所示。

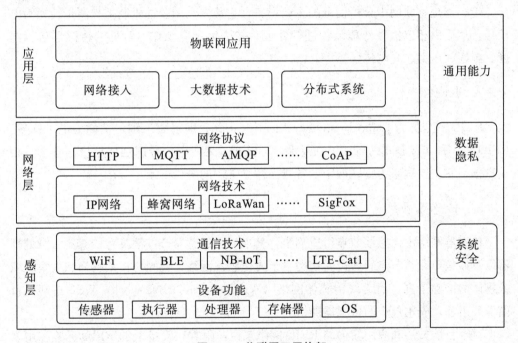

图 1-2　物联网三层构架

1.3.1　感知层

感知层位于物联网三层结构中的底层，其功能为"感知"，即通过传感网络获取环境信息。感知层是物联网的核心，是信息采集的关键部分，其主要功能是识别物体、采集信息，与人体结构中皮肤和五官的作用类似。

对我们人类而言，是使用五官和皮肤，通过视觉、味觉、嗅觉、听觉和触觉感知外部世界。感知层就像是物联网的五官和皮肤，用于识别外界物体和采集信息。感知层主要解决人类世界和物理世界的数据获取问题。它首先通过传感器、摄像头等设备，采集外部物理世界的数据，然后通过 RFID、条码、工业现场总线、蓝牙、红外等短距离传输技术传递数据。感知层所需要的关键技术包括检测技术、短距离无线通信技术等。

感知层由基本的感应器件（例如 RFID 标签和读写器、各类传感器、摄像头、GPS 和识读器等基本标识和传感器件组成）以及感应器组成的网络（例如 RFID 网络、传感器网络等）两大部分组成。该层的核心技术包括射频技术、新兴传感技术、无线网络组网技术、现场总线控制技术（FCS）等，涉及的核心产品包括传感器、电子标签、传感器节点、无线路由器、无线网关等。

一些感知层常见的关键技术如下：

1. 传感器

传感器是物联网中获得信息的主要设备，它首先利用各种机制把被测量转换为电信号，然后由相应信号处理装置进行处理，并产生响应动作。常见的传感器包括温度、湿度、压力、光电传感器等。

2. RFID

RFID 的全称为 Radio Frequency Identification，即射频识别，又称为电子标签。RFID 是一种非接触式的自动识别技术，可以通过无线电信号识别特定目标并读写相关数据。它主要用来为物联网中的各物品建立唯一的身份标示。

3. 传感器网络

传感器网络由传感器节点组成网络，其中每个传感器节点都具有传感器、微处理器以及通信单元。节点间通过通信网络组成传感器网络，共同协作来感知和采集环境或物体的准确信息。而无线传感器网络（Wireless Sensor Network，WSN）则是目前发展迅速、应用最广的传感器网络。

对于目前关注和应用较多的 RFID 网络来说，附着在设备上的 RFID 标签和用来识别 RFID 信息的扫描仪、感应器都属于物联网的感知层。在这类物联网中被检测的信息就是 RFID 标签的内容，现在的电子（不停车）收费系统（Electronic Toll Collection，ETC）、超市仓储管理系统、飞机场的行李自动分类系统等都属于这一类结构的物联网应用。

1.3.2　网络层

网络层作为纽带连接着感知层和应用层，它由各种私有网络、互联网、有线和无线通信网等组成。网络层提供安全可靠的连接、交互、共享，负责将感知层采集到的大量信息数据传输到应用层或第三方云端进行分析处理，并向终端回传指令等相关信息。网络层的功能为"传送"，即通过通信网络进行信息传输，实现不同网络不同设备间的互联互通，将感知层获取的信息，安全可靠地传输到应用层。

网络层涉及的主要技术如下：

网络层涉及的主要技术是物联网通信与组网技术。其中，物联网通信既包括用于传感器网络或智能设备的近距离通信，也包括宽带接入、移动通信、互联网等远距离大范围的通信。

物联网中的网络的形式，可以是有线网络、无线网络，可以是短距离网络和长距离网络，可以是企业专用网络、公用网络，还可以是局域网、互联网等。实际的物联网也可以由上述网络组成一个混合网络。物联网通信与组网技术的重点是无线通信与组网技术及其互联网接入技术。

利用近距离的无线技术组成局域网是物联网最为活跃的部分。常用的技术主要有WiFi、蓝牙、ZigBee、RFID、NFC 和 UWB 等技术，这些技术各有所长。物联网常用的远距离通信技术主要是移动通信技术以及卫星通信技术等。从近距离通信网络到远距离通信网络往往会涉及互联网技术。

1.3.3　应用层

应用层位于物联网三层结构中的最顶层，其功能为"处理"，即通过云计算平台进行信息处理。应用层与最低端的感知层一起，是物联网的显著特征和核心所在。应用层可以对感知层采集数据进行计算、处理和知识挖掘，从而实现对物理世界的实时控制、精确管理和科学决策。

物联网应用层的核心功能围绕两个方面：一是"数据"，应用层需要完成数据的管理和数据的处理。二是"应用"，仅仅管理和处理数据还远远不够，必须将这些数据与各行业应用相结合。例如在智能电网中的远程电力抄表应用：安置于用户家中的读表器就是感知层中的传感器，这些传感器在收集到用户用电的信息后，通过网络发送并汇总到发电厂的处理器上。该处理器及其对应工作就属于应用层，它将完成对用户用电信息的分析，并自动采取相关措施。

从结构上划分，物联网应用层包括以下三个部分。

1. 物联网中间件

物联网中间件是一种独立的系统软件或服务程序，将各种可以公用的能力进行统一封装，提供给物联网应用使用。

2. 物联网应用

物联网应用就是用户直接使用的各种应用，如智能操控、安防、电力抄表、远程

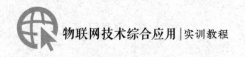

医疗、智能农业等。

3. 云计算

云计算可以帮助物联网存储和分析海量数据。依据云计算的服务类型可以将云分为：基础架构即服务（IaaS）、平台即服务（PaaS）、服务和软件即服务（SaaS）。

从物联网三层结构的发展来看，网络层已经非常成熟，感知层的发展也非常迅速，而应用层不管是从受到的重视程度还是实现的技术成果上，以前都落后于其他两个层面。但因为应用层可以为用户提供具体服务，是与我们最紧密相关的，因此应用层的未来发展潜力很大。

1.4　物联网技术的应用

物联网的应用领域广泛，在工业、农业、环境、交通、物流、安保等基础设施领域均有涉及，有效地推动了这些方面的智能化发展，使得有限的资源被更加合理地使用分配，从而提高了行业效率、效益。在家居、医疗健康、教育、金融与服务业、旅游业等与生活息息相关的领域的应用，从服务范围、服务方式到服务质量等方面都有了极大的改进，大大地提高了人们的生活质量。在涉及国防军事领域方面，虽然还处在研究探索阶段，但物联网应用带来的影响也不可小觑，大到卫星、导弹、飞机、潜艇等装备系统，小到单兵作战装备，物联网技术的嵌入有效提升了军事智能化、信息化、精准化，极大提升了军事战斗力，是未来军事变革的关键。

常见物联网应用如下：

1.4.1　物联网在工业领域的应用

（1）制造业供应链管理。物联网可以应用于企业原材料采购、库存、销售等领域，通过完善和优化供应链管理体系，提高供应链效率，降低成本。

（2）生产过程工艺优化。物联网通过对生产线过程检测、实时参数采集、生产设备监控、监测材料消耗，从而使生产过程的智能监控、智能控制、智能诊断、智能决策、智能维护水平不断提高。

（3）产品设备监控管理。通过各种传感技术与制造技术的融合，可以实现对产品设备的远程操作、设备故障诊断的远程监控。

（4）环保监测及能源管理。物联网与环保设备进行融合可以对工业生产过程中产生的各种污染源及污染治理各环节关键指标实现实时监控管理。

（5）工业安全生产管理。把感应器嵌入和装备到矿山设备、油气管道、矿工设备中，可以感知危险环境中工作人员、设备机器、周边环境等方面的安全状态信息，将现有分散、独立、单一的网络监管平台提升为系统、开放、多元的综合网络监管平台，实现实时感知、准确辨识、快捷响应、有效控制。

1.4.2 物联网在农业领域的应用

（1）实现农产品的智能化培育控制。

（2）实现农产品生产过程的智能化监控。标签对农产品进行有效、可识别的实时数据存储和管理。

（3）增强农业的生态功能。

（4）食品安全追溯。

（5）农业设施智能管理系统主要包括农业设施工况监测、远程诊断和服务调度以及智能远程操控实现无人作业等。

（6）通过物联网对农用土地资源、水资源、生产资料等信息的收集和处理等，以便为政府、企业及农民进行有效的农业生产规划提供客观合理的信息资料。

1.4.3 物联网在交通领域的应用

（1）交通实时监控管理。利用物联网技术采集到的交通数据，可以实现交通流量的实时监测、交通信息智能化统计、交通信息挖掘及大数据处理功能以及分区域分时段的拥堵收费和拥堵限行等应用，管理和控制交通流，以达到使道路网络交通流运行稳定的要求。

（2）交通规划支持。向交通规划者提供有关路网交通流和交通需求的数据（当前的和历史的），并提供实现路网交通规划计算、评估以及仿真的有效手段，从而得到路网交通流分配的优化策略。

（3）交通执法管理。交管部门及时准确地收集到违反交通法规事件的信息，在不影响正常交通运行的前提下自动或人工执行相应的处理措施。

（4）基础设施的维护管理。收集并统计交通基础设施的管理维护数据，在此基础上产生并实施相应的管理维护计划。

（5）紧急事件管理。对城市道路交通中的偶发事件（如交通事故、车辆抛锚、货物掉落、自然灾害等）等进行检测和预报，获取事件发生的位置、事件的性质和类型以及当前的交通状况等实时信息，通过公安部门、消防部门及医疗救护部门等机构间的协调与合作，对事件进行有效的处理，以减少事件对公路交通的影响时间，把损失降低到最低限度。

（6）交通信息发布与诱导。为出行者提供道路交通系统、公共交通系统及其他与出行有关的重要信息，其中包括出行前信息、行驶中驾驶员信息、在途公共交通信息、个性化信息和路径诱导及导航信息等，达到减少出行者出行时间和延误、降低事故发生率和死亡率、减少尾气排放、提高交通系统整体运行效率的目的。

1.4.4　物联网在医疗领域的应用

物联网技术在医疗领域的应用潜力巨大，能够帮助医院实现对人的智慧化医疗和对物的智慧化管理工作，能够满足医疗健康信息、医疗设备与用品、公共卫生安全的智能化管理与监控等方面的需求，从而解决医疗平台支撑薄弱、医疗服务水平整体较低、医疗安全生产隐患等问题。

（1）医疗监护与管理智能化。智能医疗监护利用物联网技术对被监护者的健康状况进行实时监控，可以不受时间和地点的约束，既方便了被监护者，还可以弥补医疗资源的不足，缓解医疗资源分布不平衡的问题。在医疗服务过程中，对于医务人员、患者、医疗设备的实时定位可以很大程度地改善工作流程，提高医院的服务质量和管理水平，可以方便医院对特殊病人（如精神病人、智障患者等）的监护和管理，可以对紧急情况进行及时的处理。

（2）医疗用品可视化、可追溯管理。依靠物联网技术，实现对药品防伪、血液管理、医用耗材、医疗器械设备等在供应、分拣、配送和使用等各个环节的可视化、可追溯管理，以及医疗垃圾处理过程的全程跟踪管理，保证医疗质量和医疗安全。

（3）医疗服务智能化。依靠物联网技术通信和应用平台，实现包括实时付费以及网上诊断、网上病理切片分析、设备的互通等，以及挂号、诊疗、查验、住院、手术、护理、出院、结算等智能服务。

（4）健康管理智能化。利用物联网技术，实时得到病人的全面医疗信息，信息及时采集和高度共享，实现远程医疗和自助医疗，可缓解资源短缺、资源分配不均的窘境，降低公众医疗成本。

1.4.5　物联网在家居生活领域的应用

智能家居通过物联网技术将各种家庭设备连接到一起，通过网络化综合智能控制和管理，实现"以人为本"的全新家居生活体验。

（1）家居生活环境智能控制，如健康环境监测和智能调节、智能照明控制、家电智能控制等。

（2）家庭智能安防。智能家居通过安防系统中的各种安防探测器（如烟感、移动探测、玻璃破碎探测、门磁等）和门禁、可视对讲、监控录像等组成立体防范系统。和可穿戴设备配合使用的智能安防系统将在更大的程度上实现智能安防的智能与安防。

（3）基于物联网的远程监视和控制。智能家居系统在电信宽带平台上，通过Web或者手机远程调控家居内摄像头从而实现远程监视。此外，住户还可通过Web或者智能手机、可穿戴设备等控制家庭电器。如远程控制电饭锅煮饭，提前烧好洗澡水，提前开启空调调整室内温度等。

（4）基于物联网的信息服务。智能家居联网，尤其是整个可视化的影音系统的融入，以及头戴式可穿戴设备、虚拟现实技术的融合，可以让用户随时随地的畅游网络信息世界。

（5）基于物联网的网络教育。学校和家长通过智能家居中基于互联网的教育工具可以实现更加紧密的合作，并在家庭和课堂之间建立桥梁。在智能家居中，不管哪个年龄段的人都可以享受教育资源，进行终身教育和学习。

1.5　物联网技术面临的挑战

虽然物联网近年来的发展已经渐成规模，各国都投入了巨大的人力、物力、财力来进行研究和开发，但是在技术、管理、成本、安全等方面仍然存在许多需要攻克的难题。

1.5.1　技术标准的统一与协调

传统互联网的标准并不适合物联网。物联网感知层的数据多源异构，不同的设备有不同的接口、不同的技术标准；网络层、应用层也由于使用的网络类型不同、行业的应用方向不同而存在不同的网络协议和体系结构。建立统一的物联网体系架构、统一的技术标准是物联网正在面对的难题。

1.5.2　管理平台问题

物联网自身就是一个复杂的网络体系，加之应用领域遍及各行各业，存在很大的交叉性。如果这个网络体系没有一个专门的综合平台对信息进行分类管理，就会出现大量信息冗余、重复工作、重复建设造成资源浪费的状况。每个行业的应用各自独立，成本高、效率低，体现不出物联网的优势，势必会影响物联网的推广。物联网现急需要一个能整合各行业资源的统一管理平台，使其能形成一个完整的产业链模式。

1.5.3　成本问题

各国对物联网都积极支持，在看似百花齐放的背后，能够真正投入并大规模使用的物联网项目较少。譬如，实现 RFID 技术最基本的电子标签及读卡器，其成本价格一直无法达到企业的预期，性价比不高；传感网络是一种多跳自组织网络，极易遭到环境因素或人为因素的破坏，若要保证网络通畅，并能实时安全传送可靠信息，网络的维护成本高。在成本没有达到普遍可以接受的范围内，物联网的发展只能是空谈。

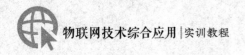

1.5.4 安全性问题

传统的互联网发展成熟、应用广泛,尚存在安全漏洞。物联网作为新兴产物,体系结构更复杂,没有统一标准,各方面的安全问题更加突出。其关键实现技术是传感网络,传感器暴露的自然环境下,特别是一些放置在恶劣环境中的传感器,如何长期维持网络的完整性对传感技术提出了新的要求,传感网络必须有自愈的功能。这不仅仅受环境因素影响,人为因素的影响更严峻。RFID是其另一关键实现技术,就是事先将电子标签置入物品中以达到实时监控的状态,这对于部分标签物的所有者势必会造成一些个人隐私的暴露,个人信息的安全性存在问题。不仅仅是个人信息安全,如今企业之间、国家之间合作都相当普遍,一旦网络遭到攻击,后果将更不敢想象。如何在使用物联网的过程做到信息化和安全化的平衡至关重要。

2 物联网与智慧农业大棚

智慧农业充分融合现代技术成果，集成无线通信技术、物联网技术、网络技术，实现农业远程控制、灾变预警、远程诊断等智能管理。智慧农业是农业发展的高阶，集成了云计算、物联网、互联网，通过无线通信网络实现农业生产环节的智能预警、智能决策，为农业生产提供可视化、精准化、智能化管理。本项目研发基于物联网及大数据技术的智慧农业平台，为农民提供有效的农业生产与管理服务，提高农业生产水平和劳动效率，节约生产成本。智慧农业平台可为涉农电子商务及农业信息化开辟更为广大的想象空间，有效提升区域公用平台知名度和影响力，有利于打造具有全国影响的企业品牌，通过农业物联网产业与休闲观光新型营销模式的结合，延长农业全产业链，实现一二三产业的深度融合。

本书以物联网技术为基础介绍物联网在智慧农业方向的运用。希望读者通过此项目能对物联网技术有一个清晰和深刻的认识。

2.1 智慧农业大棚综合应用系统概述

智慧农业大棚是指利用现代信息技术、物联网技术、大数据技术等高新技术手段，对传统农业大棚进行智能化、自动化、数字化、网络化的改造和升级，以提高农业生产效率、降低生产成本、改善农产品质量、保障农产品安全、促进农业可持续发展的一种新型农业生产方式。

智慧农业大棚通常配备有自动化控制系统、环境监测系统、智能灌溉系统、智能施肥系统、智能光照系统、智能通风系统等设备，可以实现对大棚内温度、湿度、光照、二氧化碳浓度等环境参数的实时监测和控制，以及对植物生长状态的实时监测和调控。同时，智慧农业大棚还可以通过互联网技术实现远程监控和管理，提高生产效率和管理水平。

智慧农业大棚的应用可以有效地提高农业生产效率和质量，降低生产成本，减少对环境的污染，保障农产品的安全和品质，促进农业可持续发展。

学校教学不便让真实的智慧农业大棚走进课堂，因此设计了智慧农业大棚综合应用系统，将行业技术、真实场景、解决方案等齐聚一身。该系统采用如图 2-1 所示的系统架构。通过现场设备实现植被的生产全流程环境的监控，依据专家系统进行生产管理分析，实现对各个生产设备进行精准、高效的智能化管理。同时记录各个环节的历史数据，为农作物的生长研究提供各种数据支撑以及技术支撑。

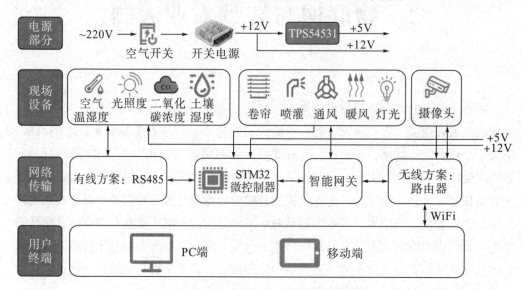

图 2-1　智慧农业大棚综合应用系统架构

该系统聚集嵌入式、物联网、移动应用开发、软件开发和人工智能等技术，适用于电子信息、物联网、人工智能等专业实训课程使用，也能基于该平台进行升级改造用于竞赛创新使用。

如图 2-2 和图 2-3 分别为智慧农业大棚综合应用系统正视图和后视图，从中可以看到，智能温室控制系统配合视频监控系统，可以采集大棚内的数据，如空气温湿度、光照度、二氧化碳浓度、土壤湿度等。将采集到的这些数据上传到智慧农业云平台，管理员可以通过平台对数据进行查看和分析。

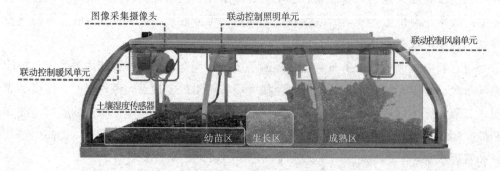

图 2-2　智慧农业大棚综合应用系统正视图

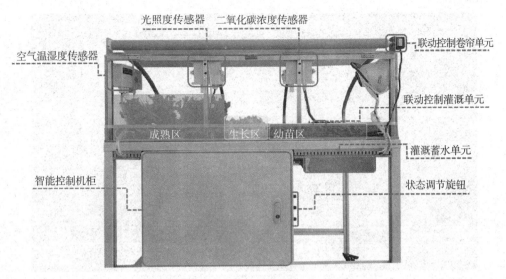

图 2-3 智慧农业大棚综合应用系统后视图

智慧农业大棚采用自动化控制系统。可以在手机上远程控制大棚内风机、卷帘、通风、照明和灌溉等设备的启停。也可以在手机上查看大棚内作物生长的情况，如果发现异常，可以随时进行异常处理。

在病虫害的防治方面，智慧农业物联网可以自动对病虫害进行识别，当病虫害超过设定的数值时，系统就会发出预警，比如手机 App 会收到超出预期的提醒，如图 2-4 所示。管理人员就可以针对病虫害的具体情况提出防治的方案。

图 2-4 智慧农业大棚综合应用系统手机 App 画面

智慧农业大棚综合应用系统配有大数据管理平台，如图 2-5 所示。通过环境检测设备，实现对空气温湿度、光照度等进行感知，运用数字孪生的理念，创建数字农业检测系统。将反馈的数据生成可视化大棚，可以检测农业农作物整个生长周期，并根据专家诊断系统，做出更加精确、专业的管理决策。

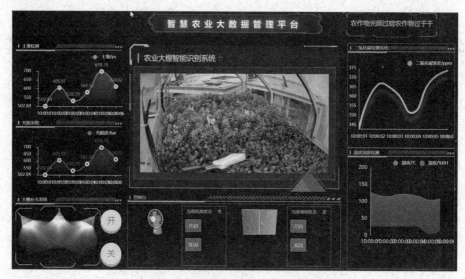

图 2-5　智慧农业大棚综合应用系统大数据管理平台

2.2　智慧农业大棚综合应用系统组成

2.2.1　智慧农业大棚智能终端

智慧农业大棚智能终端（简称：智能终端）是智慧农业大棚中常用的一种智能化设备，如图 2-6 所示。智能终端分辨率为 1920×1200，采用 10.1 英寸屏幕，使用 Android 系统。它不仅可以通过物联网技术和移动应用开发技术实现对大棚内环境参数的实时监测和控制，还可对植物生长状态进行实时监测和调控。

图 2-6　智能终端

2.2.2　智慧农业大棚智能网关

1. 产品介绍

智能网关 USR-W630（如图 2-7 所示）支持 RS232 和 RS485 接口设备、WiFi。USR-W630 采用宽电压 5～36V 输入；WiFi 信号通过外置天线收发，可以实现 210m 距离的视距通信；外壳采用精致铝合金金属外壳，具有抗压、抗摔、抗干扰的性能。

图 2-7　智能网关实物图

USR-W630 可以作为 AP 支持其他设备连入，也可以连入普通的无线 WiFi 网络。双网口支持路由功能。

2. 硬件连接

使用 RS232 线连接网关 RS232 接口，然后再使用 USB-RS232 连接线与电脑进行串口通信，如图 2-8 所示。

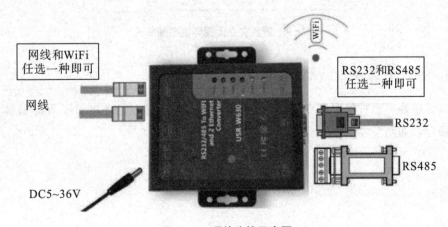

图 2-8　硬件连接示意图

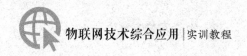

3. 状态指示灯功能说明

表 2-1 为智能网关的状态指示灯功能说明。

表 2-1　指示灯功能说明

指示灯	功能	说明
Power	电源指示	电源输入正确时常亮
Work	工作状态指示灯	内部系统部分启动绿灯即开始闪烁
Ready	启动完成指示灯	内部系统启动完成后绿灯常亮
Link	网络连接	WiFi 连接建立后亮
UART1	串口 1 状态指示	串口接收到数据透传给网络端，蓝灯闪烁；网络端接收数据透传到串口，红灯闪烁
UART2	串口 2 状态指示	保留
WAN/LAN	网口 1 连接/数据传输	WAN/LAN 口有网线连接时长亮/发送数据时闪烁
LAN	网口 2 连接/数据传输	LAN 口有网线连接时长亮/发送数据时闪烁

2.2.3 智慧农业大棚环境感知单元

智慧农业大棚感知单元均采用工业级传感器和 RS485 接口，具有测量精度高、耐高温潮湿等特点。其主要由空气温湿度传感器、光照度传感器、二氧化碳浓度传感器、土壤湿度传感器和摄像头组成，如图 2-9 所示。

空气温湿度　光照度　二氧化碳浓度　土壤湿度　摄像头

图 2-9　智慧农业大棚环境感知单元

1. 空气温湿度传感器

该传感器（也称温湿度变送器）广泛适用于农业大棚/花卉培养等需要温湿度监测的场合，如图 2-10 所示。

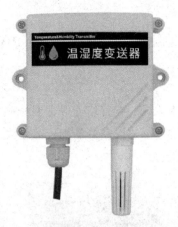

图 2-10 空气温湿度传感器（变送器）

其采用 10～30V DC 宽电压供电，最大功耗 0.1W。测量温度范围：－40～＋120℃，精度±0.5℃（25℃）。测量湿度范围：0％RH～100％RH，精度±3％RH（60％RH，25℃）。采用 RS485 信号线，接线时注意 A/B 两线线序，总线上多台设备间地址不能冲突。其标准如表 2-2 所示。

表 2-2 空气温湿度传感器标准

类型	线色	说明
电源	棕色	电源正（10～30V DC）
	黑色	电源负
通信	黄色	RS485-A
	蓝色	RS485-B

该传感器采用 RS485 通信接口，通过发送问询帧即可返回温湿度值，如表 2-3 所示。

表 2-3 读取温湿度值

问询帧（十六进制）					
地址码	功能码	起始地址	数据长度	校验码高位	校验码低位
0x02	0x03	0x00 0x00	0x00 0x02	0xC4	0x0B
应答帧（十六进制）（例如读到温度为－9.7℃，湿度为 48.6％RH）					
地址码	功能码	返回有效字节数	湿度值	温度值	校验码高位	校验码低位
0x01	0x03	0x04	0x01 0xE6	0xFF 0x9F	0xA0	0x1B

温湿度转换：

（1）当温度低于 0℃时温度数据以补码的形式上传，FF9F H（十六进制）＝－97⇒

温度＝－9.7℃。

（2）湿度：1E6H(十六进制)＝486⇒湿度＝48.6％RH。

2. 光照度传感器

该传感器广泛适用于农业大棚、花卉培养等需要光照度监测的场合，如图 2－11 所示。传感器内输入电源、感应探头、信号输出三部分构成。这三部分完全隔离，安全可靠，外观美观，安装方便。

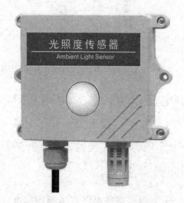

图 2－11　光照度传感器

其采用 10～30V DC 宽电压供电，最大功耗 0.4W。光照度量程 0～65535lux，精度±5％（25℃）。采用 RS485 信号线，接线时注意 A/B 两线的线序，总线上多台设备间地址不能冲突。其标准如表 2－4 所示。

表 2－4　光照度传感器标准

类型	线色	说明
电源	棕色	电源正（10～30V DC）
	黑色	电源负
通信	黄色	RS485－A
	蓝色	RS485－B

该传感器采用 RS485 通信接口，通过发送问询帧即可返回光照值，如表 2－5 所示。

表2-5 读取光照度值

问询帧（十六进制）					
地址码	功能码	起始地址	数据长度	校验码高位	校验码低位
0x01	0x03	0x00 0x02	0x00 0x02	0x65	0xCB
应答帧（十六进制）（例如读到光照度为30000Lux）					
地址码	功能码	返回有效字节数	数据区	校验码高位	校验码低位
0x01	0x03	0x02	0x05 0x30	0x00	0xBB

光照度计算：0530H（十六进制）=1328⇒光照度=1328Lux。

3. 二氧化碳浓度传感器

该传感器广泛适用于农业大棚、花卉培养等需要二氧化碳浓度监测的场合，如图2-12所示。

图2-12 二氧化碳（浓度）传感器

其采用10~30V DC宽电压供电，最大功耗0.3W（24V DC供电）。二氧化碳浓度测量范围：0~5000ppm[①]，精度±（50ppm+3％F.S）。数据更新时间2s。采用RS485信号线，接线时注意A/B两线线序，总线上多台设备间地址不能冲突。其标准如表2-6所示。

表2-6 二氧化碳浓度传感器标准

线色	说明	备注
棕色	电源正	10~30V DC
黑色	电源地	GND
黄色	RS485-A	RS485-A

---

① 注：浓度单位，现已废弃，1ppm=1×10^{-6}。

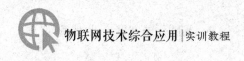
续表

线色	说明	备注
蓝色	RS485－B	RS485－B

该传感器采用 RS485 通信接口，通过发送问询帧即可返回二氧化碳浓度值，如表 2－7 所示。

表 2－7　读取二氧化碳浓度值

问询帧（十六进制）					
地址码	功能码	起始地址	数据长度	校验码高位	校验码低位
0x01	0x03	0x00 0x02	0x00 0x01	0x24	0x28
应答帧（十六进制）（例如读到二氧化碳浓度为 3000ppm）					
地址码	功能码	返回有效字节数	二氧化碳浓度值	校验码高位	校验码低位
0x01	0x03	0x02	0x0B 0xB8	0x06	0xBF

二氧化碳浓度计算：BB8H(十六进制)＝3000⇒CO_2＝3000ppm。

4. 土壤湿度传感器

该传感器性能稳定，灵敏度高，是观测和研究盐渍土的发生、演变、改良以及水盐动态的重要工具，如图 2－13 所示。通过测量土壤的介电常数，能直接稳定地反映各种土壤的真实水分含量。并且可测量土壤水分的体积百分比，是符合目前国际标准的土壤水分测量传感器。

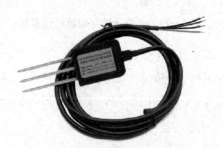

图 2－13　土壤湿度传感器

其采用 4.5～30V DC 宽电压供电，最大功耗 0.7W（24V DC 供电）。土壤水分参数量程：0～100％。精度为 0～50％内±2％（棕壤，30％，25℃），50％～100％内±3％（棕壤，60％，25℃）。采用 RS485 信号线，接线时注意 A/B 两线的线序，总线上多台设备间地址不能冲突。其标准如表 2－8 所示。

表 2-8　土壤湿度传感器标准

线色	说明	备注
棕色	电源正	4.5~30V DC
黑色	电源地	GND
黄色	RS485-A	RS485-A
蓝色	RS485-B	RS485-B

在测量时，要选定合适的测量地点，避开石块，确保钢针不会碰到坚硬的物体，按照所需测量深度抛开表层土，保持下面土壤原有的松紧程度，紧握传感器垂直插入土壤。测量方法如图 2-14 所示。注意：插入时不可左右晃动，建议在一个测点的小范围内多次测量求平均值。

避开石块

挖过后填实的土地

图 2-14　测量方法

该传感器采用 RS485 通信接口，通过发送问询帧即可返回土壤水分值，如表 2-9 所示。

表 2-9　读取土壤水分值

问询帧（十六进制）					
地址码	功能码	起始地址	数据长度	校验码高位	校验码低位
0x01	0x03	0x00 0x00	0x00 0x03	0x05	0x9E
应答帧（十六进制）					
地址码	功能码	返回有效字节数	水分值	校验码高位	校验码低位
0x01	0x03	0x06	0x02 0x92	0x0F	0xD8

水分计算：292H（十六进制）＝658⇒湿度＝65.8%，即土壤体积含水率为65.8%。

5．摄像头

摄像头采用固定式网络摄像头（见图2-15），支持越界侦测、区域入侵侦测、进入区域侦测和离开区域侦测，支持联动声音报警。画面分辨率可达2688×1520@25fps，在该分辨率下可输出实时图像，同时支持背光补偿、强光抑制等，可根据场景情况自适应调整码率分配，有效节省存储成本。

图2-15　摄像头

2.2.4　智慧农业大棚执行机构单元

其通过传感器实时检测农业生成现场环境，结合植物生成环境要求，智能控制农业生产现场的设备，达到节约生产成本、降低生产能耗、提高农产品的产量和质量的目的。图2-16为智慧农业大棚执行机构单元结构图。

卷帘　喷灌　通风　暖风　灯光

图2-16　智慧农业大棚执行机构单元

1．可调RGB灯

在智慧农业大棚综合应用系统中共有2盏可调RGB灯，实物如图2-17所示。其采用工业化设计标准，拥有使用寿命长、色域范围广等特点，外部采用亚克力半球保护壳，透光率高。采用RS485通信接口，通过智能终端控制，达到远程控制的目的。

图 2-17　可调 RGB 灯实物

可调 RGB 灯实物连线如图 2-18 所示：

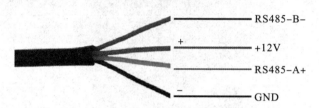

RS485-B-
+12V
RS485-A+
GND

图 2-18　可调 RGB 灯实物连线图

每个 RS485 设备都有设备地址用来与主机通信，可调 RGB 灯也是一样，表 2-10 是可调 RGB 灯的控制协议（默认地址：0x31）。

表 2-10　可调 RGB 灯协议数据帧

字节	0	1	2	3	4	5	6	7
指令 H	31	02	01	00-FF	00-FF	00-FF	—	—
说明	设备地址	固定	功能	R 值	G 值	B 值	CRC 校验低 8 位	CRC 校验高 8 位

2. 电动风扇

可通过智能终端下发指令，控制电动风扇开启关闭。电动风扇的实物如图 2-19 所示。

图 2-19　电动风扇

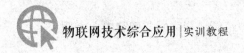

本系统电动风扇采用 12V 供电，通过连接到 PWM 控制器即可使用旋钮控制电动风扇转速。

3. PWM 控制器

PWM 控制器可对模拟信号电平进行数字编码，以数字方式控制模拟电路。PWM 控制器可以用来控制 LED 的亮度、调节电机的转速、调节电源的输出（如调节电源的输出电压、电流等）。PWM 控制器的实物如图 2-20 所示。

图 2-20　PWM 控制器

PWM 控制器的开启关闭是通过现场设备驱动器控制继电器来实现的。

4. 继电器

继电器是一种电控制器件，是当输入量（激励量）的变化达到规定要求时，在电气输出电路中使被控量发生预定的阶跃变化的一种电器。

继电器具有控制系统（又称输入回路）和被控制系统（又称输出回路）之间的互动关系，通常应用于自动化的控制电路中。它实际上是用小电流去控制大电流运作的一种"自动开关"，在电路中起着自动调节、安全保护、转换电路等作用。继电器模块的实物如图 2-21 所示。

图 2-21　继电器模块

5. 灌溉系统

灌溉系统如图 2-22 所示，其采用 5~12V 供电，扬程为 0.5 米，通过水管连接到喷头后即可正常使用。通过连接到 PWM 控制器可使用旋钮控制水流大小。

图 2-22　灌溉系统

6. 卷帘系统

卷帘系统由电机驱动器、步进电机、卷帘三部分组成。其中主要的部分为电机驱动器和步进电机。步进电机及电机驱动器实物如图 2-23 所示。

图 2-23　步进电机及电机驱动器

卷帘系统通过现场设备驱动器控制电机驱动器驱动步进电机正反转，从而达到开启关闭卷帘的目的。电机驱动器的引脚功能介绍如图 2-24 所示。

注意：DC直流范围建议9～42V。可达50V，不可以超过此范围，否则会无法正常工作甚至损坏驱动器

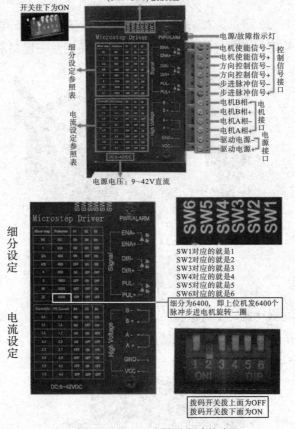

图 2-24　电机驱动器引脚功能介绍

其使用接线图如图 2-25 所示。

接线图

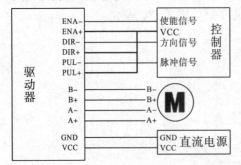

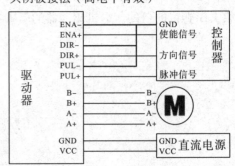

图 2-25　电机驱动器使用接线图

7. 温控设备

温控设备如图 2-26 所示。其采用 12V 供电，通过加热金属片来产生暖风，所以对供电要求很高，需要 12V 10A 适配器单独供电。通过连接到 PWM 控制器可使用旋钮控制暖风大小。

图 2-26　温控设备

3 智慧农业大棚环境数据检测与传输模块

3.1 实验目的

（1）探究智慧农业大棚环境数据检测与传输模块的原理和方法。

（2）了解不同环境因素对农业生产的影响。

（3）掌握物联网云平台的设备接入和终端访问技术。

3.2 实验内容

（1）利用光照度、空气温湿度、土壤湿度、二氧化碳浓度等传感器，采集智慧农业大棚内的环境数据，并通过无线通信模块将数据上传到物联网云平台。

（2）利用摄像头采集大棚内的图像数据，并通过网络视频监控系统实现远程监控功能。

（3）通过物联网云平台的终端访问功能，查看和分析大棚内的环境数据和图像数据。

3.3 实验所用硬件及软件

（1）硬件：STM32L4 Discovery kit IOT node（B－L475E－IOT01A）或其他STM32 开发板、WiFi 模块、光照度传感器、空气温湿度传感器、土壤湿度传感器、二氧化碳浓度传感器、图像采集模块、智慧农业大棚接线扩展板、Android 手机、USB 线、杜邦线。

（2）软件：Android Studio、Keil5、Navicat Premium、Xshell、PCtoLCD2002。

3.4 实验原理

3.4.1 硬件设计与实现

1. 底层设备部署调试

监测系统设备部署框架如图 3-1 所示（因每个传感器的连接原理均相同，故此处以光照度传感器的连接示意图为例）。

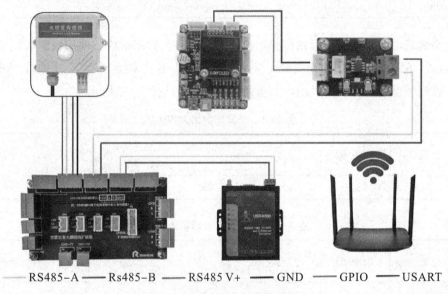

—— RS485-A —— Rs485-B —— RS485 V+ —— GND —— GPIO —— USART

图 3-1　监测系统设备部署框架图

系统通过光照度传感器、空气温湿度传感器、土壤湿度传感器、二氧化碳浓度传感器、智能网关、RS485 模块连接到智慧农业大棚接线扩展板，实现 RS485 总线的连接。通过现场设备驱动器下发光照度传感器询问帧获取光照度数据，空气温湿度传感器询问帧获取温湿度数据，土壤湿度传感器询问帧获取湿度数据，二氧化碳浓度传感器询问帧获取二氧化碳浓度数据。下发数据如表 3-1~表 3-4 所示。

表 3-1　光照度传感器问询帧

地址码	功能码	起始地址		数据长度		校验码高位	校验码低位
0x01	0x03	0x00	0x02	0x00	0x02	0x65	0xCB

表 3-2 空气温湿度传感器问询帧

地址码	功能码	起始地址	数据长度	校验码高位	校验码低位
0x02	0x03	0x00 0x00	0x00 0x02	0xC4	0x38

表 3-3 土壤湿度传感器问询帧

地址码	功能码	起始地址	数据长度	校验码高位	校验码低位
0x04	0x03	0x00 0x00	0x00 0x03	0x05	0x9E

表 3-4 二氧化碳浓度传感器问询帧

地址码	功能码	起始地址	数据长度	校验码高位	校验码低位
0x03	0x03	0x00 0x02	0x00 0x01	0x24	0x28

当现场设备驱动器接收到传感器设备数据后进行数据解析，使用指定数据协议将数据通过 RS485 总线上传至智能网关（网关与路由器的连接为 WiFi 连接），Android端接收到数据后进行解析显示，数据协议如表 3-5~表 3-8 所示。

表 3-5 光照度数据上传协议

包头		设备 ID	光照度值高8位	光照度值中8位	光照度值低8位	保留	包尾
0x55	0xAA	0x01	0xXX	0xXX	0xXX	0xXX	0xBB

表 3-6 空气温湿度数据上传协议

包头		设备 ID	湿度值高8位	湿度值低8位	温度值高8位	温度值低8位	包尾
0x55	0xAA	0x02	0xXX	0xXX	0xXX	0xXX	0xBB

表 3-7 土壤湿度数据上传协议

包头		设备 ID	湿度值高8位	湿度值低8位	包尾
0x55	0xAA	0x04	0xXX	0xXX	0xBB

表 3-8 二氧化碳浓度数据上传协议

包头		设备 ID	二氧化碳浓度值高8位	二氧化碳浓度值低8位	保留	保留	包尾
0x55	0xAA	0x03	0xXX	0xXX	0xXX	0xXX	0xBB

2．设备操作步骤

（1）传感器检测。

①为智慧农业大棚设备上电，将引出的 3P 插头插入 220V 电源，随后打开智能控制机柜空气开关（此步骤为 220V 用电，注意用电安全）。

②使用智能终端连接路由器 WiFi，其 WiFi 名称为：BKRC－MY－00X（X：1~6）。默认密码：12345678。

③将项目中的"．apk"文件安装到移动设备中，运行成功后可以看到设备数据如图 3－2 所示。

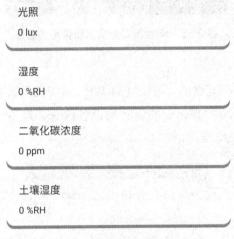

图 3－2　设备数据显示

当连接到 WiFi 时，会根据设备是否在线提示是否连接成功。当连接失败时需要退出应用，再将应用建立设备与 Android 的连接。由于 Android 是通过路由器分配的 IP 与设备连接，所以在连接的时候需要固定路由器分配的 IP 地址。

在连接成功后，界面中显示的数据会根据环境的变化而实时改变。

（2）图像检测。

程序设计完成后，将程序下载到 Android 手机上。WiFi 连接成功后，根据摄像头的 IP 和端口查找到摄像头的图像信息，将图像更新到 Android 页面中。程序运行效果如图 3－3 所示。

图 3−3　IP 和端口查找到摄像头的图像

（3）数据交换。

移动设备需要连接到互联网，可以开启 WiFi 或者流量数据，运行项目的 App 应用。在数据填写部分，填写好相应的物联网设备信息，点击"发送物联网数据"按钮，显示效果如图 3−4 所示。

10:37	
物联网设备ID	2cd90477c5a8c243
模块标识	temp
模型标识1	temp
模型标识2	hum
模型数据1	23
模型数据2	60

发送物联网数据

```
{
"code":2000,
"data":null,
"message":"SUCCESS",
"success":false
}
```

图 3−4　发送物联网数据

在信息获取部分，点击"获取物联网数据"按钮后，系统就会向物联网云平台开放接口，根据设备的信息获取数据。访问这个连接后，返回 JSON 格式的字符串信息，如图 3-5 所示。

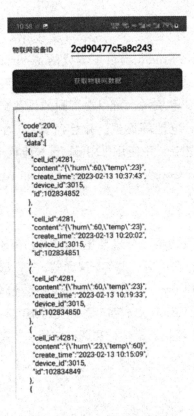

图 3-5　物联网数据获取

3.4.2　软件设计与实现

使用 Android Studio 开发基于 WiFi 通信获取嵌入式系统设备的 App 应用，其开发流程如图 3-6 所示。

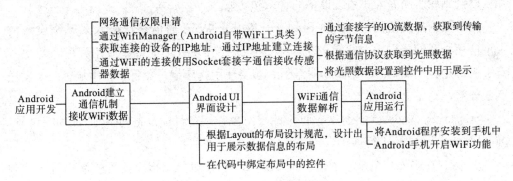

图 3-6　Android 开发流程

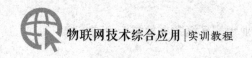

　　智慧农业大棚环境数据的检测与传输，需要通过软件进行分析和处理，本系统主要使用 Android Studio 和 Keil5 进行开发，并运用 C 语言实现图像检测和分析。

1. Android Studio

　　Android Studio 是谷歌推出的一个 Android 集成开发工具，基于 IntelliJ IDEA。类似 Eclipse ADT，Android Studio 提供了集成的 Android 开发工具用于开发和调试。其基于 Gradle 的构建系统，可以自定义、配置和扩展构建过程，创建多个具有不同功能的 APK，重用代码和资源，可以在不同的设备配置和 Android 版本上测试应用，支持传感器、网络、电池等模拟。并且拥有 C++ 和 NDK 支持，可以使用 C++语言开发 Android 应用，并使用 JNI 调用本地代码。内置对 Google Cloud Platform 的支持，方便集成 Google Cloud Messaging 和 App Engine 等服务。

2. Keil5

　　Keil5 是 ARM 公司开发的集成开发环境（IDE），用于开发基于 ARM Cortex－M 处理器的微控制器应用。它包括 C/C++编译器、μVision 文本编辑器和一系列调试工具。它支持多种 ARM Cortex－M 系列处理器和微控制器厂商，提供丰富的软件包和驱动库、简洁高效的 μVision 文本编辑器，支持语法高亮、代码补全、代码折叠等功能。可以在真实硬件或模拟器上运行和调试应用，支持断点、单步执行、变量监视等。

3.4.3　WiFi 通信算法

　　使用 Android Studio 开发基于 WiFi 通信获取嵌入式系统设备的 App 应用主要使用 WiFi 通信算法。在当今的智能化时代，WiFi 通信技术已经广泛应用于各种嵌入式系统设备，如智能家居、无人机、机器人等。WiFi 通信技术可以实现设备之间的无线连接和数据传输，提高设备的智能化和便捷性。为了实现 WiFi 通信，我们需要在嵌入式系统设备上安装 WiFi 模块，并在手机端开发相应的 App 应用，通过 App 应用可以控制和监测嵌入式系统设备的状态和功能。

　　为了演示如何使用 Android Studio 开发基于 WiFi 通信获取嵌入式系统设备的 App 应用，我们将以一个简单的例子来说明：要实现一个套接字应用程序，其中一部手机将是客户端，另一部将是服务器。若要使用打印编写器将字符串从客户端发送到服务器，则需要四步：

　　Step1：在 Android 端创建一个 Socket 对象，指定目标设备的 IP 地址和端口号，并调用 connect 方法进行连接。

　　Step2：在嵌入式系统端创建一个 ServerSocket 对象，指定监听的端口号，并调用 accept 方法等待连接请求。

Step3：当连接成功后，双方可以通过 Socket 对象的 getInputStream 和 getOutputStream 方法获取输入流和输出流，进行数据的读写操作。

Step4：当通信结束后，双方可以通过 Socket 对象的 close 方法关闭连接。

示例代码如下：

服务端代码：

```
public class SocketServer
    public static void main(String[] args)
        try
                //创建一个服务器套接字，监听6666端口
                ServerSocket serverSocket=newServerSocket(6666);
                System.out.println("服务器启动，等待客户端连接…");
                //等待客户端的连接，如果有客户端连接，返回一个 Socket 对象
                Socket socket=serverSocket.accept();
                System.out.println("客户端已连接:" + socket);
                //获取 socket 的输入流，用来接收客户端发送的数据
                 BufferedReader in = new BufferedReader(new InputStreamReader
(socket.getInputStream()));
                //获取 socket 的输出流，用来向客户端发送数据
    PrintWriter out=new PrintWriter(socket.getOutputStream(), true);
                //读取客户端发送的字符串
                String message=in.readLine();
                System.out.println("收到客户端的消息:" + message);
                //向客户端发送字符串
                out.println("你好,我是服务器");
                //关闭资源
    in.close();
    out.close();
    socket.close();
                serverSocket.close();
        } catch (IOException e) {
            e.printStackTrace();
        }
    }
}
```

客户端代码：

```
public class SocketClient {
    public static void main(String[] args) {
        try {
            //创建一个套接字，连接到服务器的 localhost 地址和6666端口
            Socket socket=newSocket("localhost", 6666);
            System.out.println("已连接到服务器:" + socket);
            //获取 socket 的输出流，用来向服务器发送数据
            PrintWriter out=new PrintWriter(socket.getOutputStream(), true);
            //获取 socket 的输入流，用来接收服务器发送的数据
            BufferedReader in=new BufferedReader(new InputStreamReader
(socket.getInputStream()));
            //向服务器发送字符串
            out.println("你好,我是客户端");
            //读取服务器发送的字符串
            String message=in.readLine();
            System.out.println("收到服务器的消息:" + message);
            //关闭资源
            in.close();
            out.close();
            socket.close();
        } catch (IOException e) {
            e.printStackTrace();
        }
    }
}
```

3.5 实验步骤

3.5.1 光照度数据监测功能任务

Android 光照度数据监测的开发流程如图 3-7 所示。其主要实现逻辑是 Android 通过 WiFi 获取到传感器的设备信息，之后展示给用户。开发流程分为以下几个

步骤：

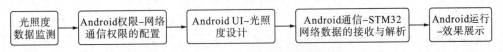

图 3-7 Android 光照度数据监测开发流程

1. 配置 Android 的网络通信权限

（1）在 Android 项目工程中申请网络通信权限，以便使用 Socket 通信功能。

在 Android 的项目工程中申请网络的通信权限，若没有这个权限，则 Android 无法使用任何关于 Socket 的通信功能，具体步骤如图 3-8 所示。

Android权限-网络通信权限的配置 ⟶ 网络通信权限申请 ⟶ 网络环境配置

图 3-8 Android 权限

网络通信权限的添加主要在 Android 项目工程的 manifests 标签下的 AndroidManifest. xml 文件中进行。这个文件可以在 slight 文件夹中找到，如图 3-9 所示。点击标注①的位置可以看到 AndroidManifest. xml 文件。在标注②的位置可以切换到 Android 视图，以便查看 Android 项目的结构。

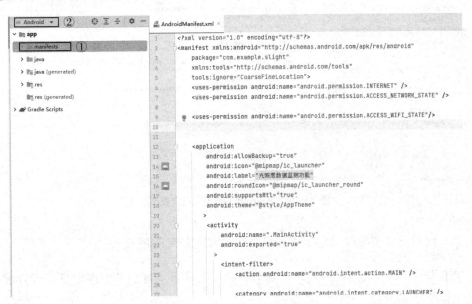

图 3-9 Android 项目结构图

在 AndroidManifest. xml 文件中的 manifest 标签内添加如下代码，以申请使用网络和 WiFi 的权限。

```
<uses-permission android:name="android.permission.INTERNET" />
<uses-permission android:name="android.permission.ACCESS_NETWORK_STATE" />
<uses-permission android:name="android.permission.ACCESS_WiFi_STATE"/>
```

（2）配置 WiFi 通信环境，获取传感器设备的 IP 地址，使用拆分算法和拼接算法得到192.168.1.103。

申请了网络通信权限后就可进行网络环境的配置，在设计 UI 之前，需要先配置好 WiFi 的通信环境。为了获取传感器设备的 IP 地址，需要在 Android 项目工程的 app/java/com.example.slight 包的路径下找到 MainActivity 文件（图 3-10），在这个文件中的 onCreate 方法内部，使用 WifiConnectManager 类来获取当前连接的 WiFi 信息。由于传感器设备的 IP 地址的第四位是固定的 103，所以需要将手机分配的 IP 地址的前三位拆分出来，然后拼接上 103，得到传感器设备的 IP 地址。例如，如果手机分配的 IP 地址是192.168.1.101，那么传感器设备的 IP 地址就是192.168.1.103。在 Socket 通信中，需要使用这个 IP 地址和一个指定的端口号来建立连接。

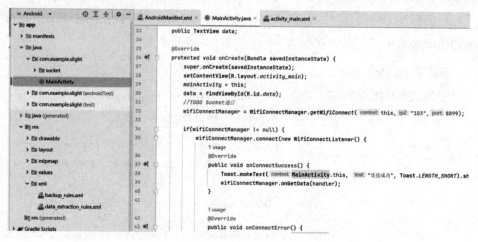

图 3-10　Android 初始化 WiFi 配置

2. 设计 UI 界面，使用 TextView 控件显示光照度信息

在配置好 WiFi 的通信环境后，需要设计 UI 界面来显示光照度信息。设计流程如图 3-11 所示。

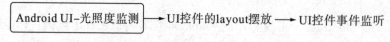

图 3-11　Android 光照度 UI 设计流程

（1）在 activity_main.xml 布局文件中添加一个 TextView 控件，用于显示光照

度信息。

在 res 文件夹的 layout 文件夹中，可以找到 activity_main. xml 布局文件，用于设计 Android 界面的布局。这个布局文件需要显示出获取到的光照度信息。界面设计如图 3-12 所示。也可以在 activity_main. xml 布局文件中只放入一个 TextView 文本控件，将 id 命名为 data 即可。

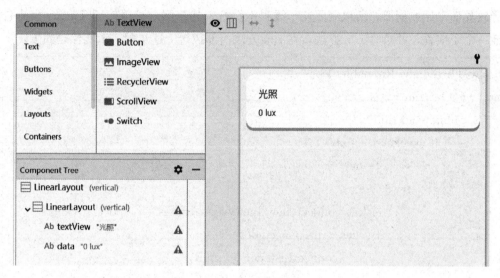

图 3-12　界面设计

之后就是控件的监听，需要在与布局文件对应的 MainActivity 中增加相应的监听方法，这里的监听并不是按键按下的触发监听，而是将布局文件中的 TextView 控件保存到 MainActivity 中。

（2）初始化 WifiManager 类，并获取当前连接的 WiFi 信息，从中提取出传感器设备的 IP 地址。

为了获取传感器设备的 IP 地址，需要使用 WifiManager 类来管理 WiFi 的连接状态。具体代码如下：

```
WifiManager wifiManager = (WifiManager) context. getApplicationContext ().
getSystemService(Context. WiFi_SERVICE);
if(wifiManager != null){
    //TODO 获取 WiFi 的 ip
    DhcpInfo dhcpInfo=wifiManager. getDhcpInfo();
    String address=Formatter. formatIpAddress(dhcpInfo. gateway);
}
```

（3）创建一个 Socket 对象，并使用 connect 方法，传入传感器设备的 IP 地址（192.168.1.103）和端口号（8899），建立 Socket 通信。

　　为了与传感器设备进行数据交换，需要使用 Socket 类来建立 TCP 连接。实例化 Java 封装的 Socket 类，并调用 connect 方法，将 IP 地址（192.168.1.103）与端口（8899）传入，这个 IP 就是传感器设备的 IP 地址，通过这两个参数就可以与传感器设备建立通信。由于这个方法会抛出异常，所以在执行这个方法的时候需要使用 try 将这个代码块捕获。同时，由于网络通信是耗时操作，不能在主线程中执行，否则会导致界面卡顿或崩溃，所以需要在子线程中执行上述步骤。可以使用 Thread 类来创建一个子线程，并重写 run 方法，在 run 方法内部执行上述步骤。示例代码如下：

```
new Threadnew Runnable()
    @Override
    public void run()
        if (socket== null)
            socket=new Socket();
            try {
                socket. connect(new InetSocketAddress(ip, port), 8899);
                if (socket. isConnected()) {
                    if (connectListener != null) {
                        context. runOnUiThread(new Runnable() {
                            @Override
                            public void run() {
                                connectListener. onConnectSuccess();
                            }
                        });
                    }
                    return;
                }
            }catch (IOException e) {
                e. printStackTrace();
            }
            if (connectListener != null)
                context. runOnUiThreadnew Runnable()
                    @Override
                    public void run() {
                        connectListener. onConnectError();
                    }
```

```
            });
        }
    }
}).start();
```

3. 光照度传感器数据接收与解析

（1）获取 Socket 通信中的 InputStream 输入流，读取传输的数据，使用位移操作提取出光照度数据。

由于在 Android 中网络通信需要放在后台执行，所以获取 Socket 通信中的 InputStream 输入流的时候需要在子线程中执行。并且在 Socket 通信中会出现很多意外情况，比如 Android 关闭 WiFi 功能，或者连接的设备关闭 Socket 通信等问题，如果没有这些问题的处理算法，就会导致程序的崩溃，所以需要不断地检测通信是否维持在连接状态。判断完成后根据 InputStram 获取传输的数据。调用 InputStream 中的 read 方法，在这个方法的内部传入空白 byte 字节数组，在通信中，不管设备发送的是什么类型的数据，Android 接收到的始终都是 bye 字节数组。示例代码如下：

```
new Thread(new Runnable() {
    @Override
    public void run() {
        InputStream stream=null;
        try {
            stream=socket.getInputStream();
        } catch (IOException e) {
            e.printStackTrace();
        }
        while (socket.isConnected()){
            if(cancel){
                try {
                    cancel=false;
                    socket.close();
                } catch (IOException e) {
                    e.printStackTrace();
```

```
            }
            break;
        }
        try {
            if(stream != null){
                byte[] bytes=new byte[8];
                stream.read(bytes);
                if(bytes[0] == 0x55) {
                    Message message=newMessage();
                    message.what=4;
                    message.obj=bytes;
                    WifiConnectManager.this.handler.sendMessage(message);
                }
            }else{
                break;
            }
        } catch (IOException e) {
            e.printStackTrace();
            break;
        }
    }
}).start();
```

（2）在 handleMessage 方法中，根据通信协议提取出光照度数据，并显示到 TextView 控件上。

将字节数组写入后，为了不影响数据的后续接收，需要使用消息机制将数据转发到 Activity 中执行。实例化 Message 方法，这个方法可以将数据作为一个消息发送出去。使用在主类中封装的 handle 方法，调用 sendMessage 方法将 Message 发送到消息队列中。这里定义消息的类型为4，在获取的时候需要判断消息的类型。示例代码如下：

```
Message message=newMessage();
message.what=4;
message.obj=bytes;
WifiConnectManager.this.handler.sendMessage(message);
```

其中 Handler 是 Android 中独有的消息传递机制，在使用的时候需要声明 Handler 变量，之后将 Handler 的实例化方法传入，并重写 handleMessage 方法，从这个方法中可以接收到通过 Message 传递的数据。

在 handleMessage 中通过 msg 参数获取其中的 obj 对象，这个对象就是 Socket 通信中传输的 byte 字节数组，之后根据这一串字节数组对照通信协议提取出光照度。在通信协议中，光照度占用三个字节，分别为高 8 位、中 8 位和低 8 位。使用位移操作，将这三个数据进行拼接就得到了新的数据，这个数据就是完整的初始数据。获得完整数据之后，将这两个数据设置到控件中展示给用户。

示例代码如下：

```
@SuppressLint("HandlerLeak")
public Handler handler = new Handler(Looper.myLooper()){
    @SuppressLint("SetTextI18n")
    @Override
    public void handleMessage(@NonNull Message msg) {
        if(msg.what == 1){
            //TODO 收到的数据
            byte[] bytes = (byte[]) msg.obj;
            int v = (((bytes[3] & 0xff) << 16) + ((bytes[4] & 0xff) << 8)
+ (bytes[5] & 0xff));
            data.setText(v+" lux");
        }
    }
};
```

3.5.2 空气温湿度、土壤湿度、二氧化碳浓度数据监测功能任务

因空气温湿度、土壤湿度、二氧化碳浓度数据监测功能的原理和代码与光照度几乎相同，本节便不再一一展开讲解，避免全书内容赘述，此节以土壤湿度数据监测功能任务为例进行讲解。

Android 土壤湿度数据监测的开发流程如图 3-13 所示。

图 3-13 Android 土壤湿度数据监测开发流程

（1）在 Android 项目工程中申请网络通信权限，以便使用 Socket 通信功能。

（2）设计 UI 界面，使用 TextView 控件显示土壤湿度信息。

本实验的申请权限流程与光照度数据监测功能相同，这里不进行过多的赘述。申请完成权限后，进入资源 res 文件夹，在 layout 文件中设计 Android 界面的布局。布局设计参考项目中 res\layout\activity_main. xml 文件。

这个 activity_main. xml 布局文件需要显示出获取到的土壤湿度信息，如图 3-14 所示。

图 3-14　土壤湿度界面

（3）土壤湿度传感器数据接收与解析。

①获取 Socket 通信中的 InputStream 输入流，读取传输的数据，使用位移操作提取出土壤湿度数据。

②使用 Message 方法将数据转发到 Activity 中执行，将数据设置到控件中展示给用户。

示例代码如下：

```
@SuppressLint("HandlerLeak")
public Handler handler=new Handler(Looper. myLooper()){
    @SuppressLint("SetTextI18n")
    @Override
    public void handleMessage(@NonNull Message msg) {
        if(msg. what== 1){
            //TODO 收到的数据
            byte[] bytes=(byte[]) msg. obj;
            int i=((bytes[3] & 0xff) << 8) + (bytes[4] & 0xff);
            int i2=((bytes[5] & 0xff) << 8) + (bytes[6] & 0xff);
```

```
            data.setText(i2+" ℃");
        data2.setText(i+" %RH");
            }
    }
};
```

3.5.3 图像数据采集远程监控功能

本任务是使 Android 获取海康威视摄像头中的图像信息，从而实现图像数据的远程采集。流程如图 3-15 所示，在本任务中 Android 需要使用到第三方项目"海康威视"的依赖库来获取到监控摄像头的图像信息，则开发流程分为以下几个步骤：

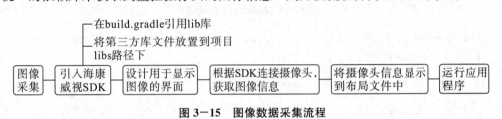

图 3-15 图像数据采集流程

（1）此功能需要使用海康威视摄像头的 SDK，因此我们将 SDK 导入项目工程的 app\libs 路径下。SDK 列表如图 3-16 所示。

> 📁 **arm64-v8a**
> 📁 **armeabi**
> 📁 **armeabi-v7a**
> 📄 **HCNetSDK.jar**
> 📄 **HCNetSDK_E.jar**
> 📄 **jna.jar**
> 📄 **PlayerSDK_hcnetsdk.jar**

图 3-16 SDK 列表

（2）在 build.gradle 文件中配置 SDK 的依赖引入 libs 库使 SDK 加载到项目中，build.gradle 文件位置如图 3-17 所示。引入 libs 库的代码如图 3-18 所示。添加后点击"Sync Now"更新配置，lib 库成功导入。

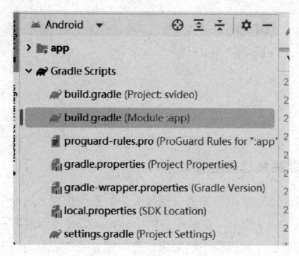

图 3-17   build. gradle 位置

```
You can use the Project Structure dialog to view and edit your project configuration        Open (Ctrl+Alt+Shi
25        compileOptions {
26            sourceCompatibility JavaVersion.VERSION_1_8
27            targetCompatibility JavaVersion.VERSION_1_8
28        }
29        sourceSets.main {
30            jniLibs.srcDirs = ['libs']
31        }
32    }
33
34    dependencies {
35        implementation fileTree(dir: 'libs', include: ['*.jar'])
36
37        implementation 'com.android.support:appcompat-v7:28.0.0'
38        implementation 'com.android.support.constraint:constraint-layout:2.0.4'
39        testImplementation 'junit:junit:4.13.2'
40        androidTestImplementation 'com.android.support.test:runner:1.0.2'
41        androidTestImplementation 'com.android.support.test.espresso:espresso-core:3.0.2'
42    }
```

图 3-18   引入 libs 库的代码

（3）在 AndroidManifest. xml 文件中申请网络通信、摄像头、存储等权限，参考项目中 AndroidManifest. xml 文件。

由于这个外部依赖库使用到了很多的权限，所以需要在开发文件中申请到相应的权限，权限申请的详细代码如图 3-19 所示。

```xml
<?xml version="1.0" encoding="utf-8"?>
<manifest xmlns:android="http://schemas.android.com/apk/res/android"
    xmlns:tools="http://schemas.android.com/tools">

    <uses-permission android:name="android.permission.INTERNET" />
    <uses-permission android:name="android.permission.ACCESS_NETWORK_STATE" />
    <uses-permission android:name="android.permission.ACCESS_WIFI_STATE"/>
    <uses-permission android:name="android.permission.ACCESS_FINE_LOCATION"/>
    <uses-permission android:name="android.permission.CAPTURE_AUDIO_OUTPUT"
        tools:ignore="ProtectedPermissions" />
    <uses-permission android:name="android.permission.RECORD_AUDIO"/>


    <uses-permission android:name="android.permission.READ_EXTERNAL_STORAGE" />
    <uses-permission android:name="android.permission.ACCESS_COARSE_LOCATION" />
    <uses-permission
        android:name="android.permission.UPDATE_DEVICE_STATS"
        tools:ignore="ProtectedPermissions" />
```

图 3—19 权限申请

（4）在 res\layout\activity_main. xml 文件中设计 UI 界面，使用 ImageView 控件显示摄像头图像信息，使用 TextView 控件显示无图像信息的文本。

参考项目中的 res\layout\activity_main. xml 文件。将图像控件的 ID 设置为displayImg，使 Android 可以通过代码 ID 获取这个控件。设计完成控件后就需要使用代码获取摄像头的数据，并显示在这个控件中。图像监控界面设计如图 3—20所示。

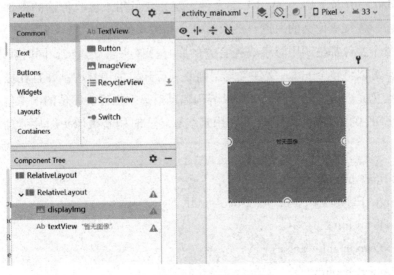

图 3—20 图像监控界面设计

（5）在 video 包中创建 PlayerVideo 类文件，定义变量用于接收传输的图像信息，初始化摄像头连接信息。

在项目中创建 video 包，将官网提供的案例包 ASSImpleDemo 中 ASSimpleDemo \app\src\main\java\com\hcnetsdk 路径下的 jna 文件夹放入自身项目 video 程序包下，之后将官网中 ASSimpleDemo\app\src\main\java\com\hik\netsdk\SimpleDemo \Control 路径下的程序拷贝到项目 video 路径下，如图 3-21 所示。

图 3-21　外部包存放位置

（6）在 MainActivity 类中实例化 PlayerVideo 类，并根据官方案例初始化摄像头连接信息。

在 video 包中创建 PlayerVideo 类文件，定义变量用于接收传输的图像信息，初始化校验位，连接摄像头的通道、摄像头 IP、摄像头的端口、摄像头账户等信息。

这一整个文件都是调用海康威视官方的库与摄像头建立连接，同时获取 Bitmap 图像信息。可以将整个 video 文件夹复制到要进行开发的项目中。并且在摄像头的数据参数初始化完成后，需要在 Android 界面启动后显示摄像头回传的图像信息，此时需要调用 SDK 的图像显示功能，并利用多线程，实时刷新摄像头图片信息。示例代码如下：

```
public Bitmap bitmap=null;
public static PlayerVideo playerVideo=null;
public boolean init;
public boolean enable=false;
public boolean hasImg;
public int m_iPreviewHandle=-1; // playback
```

```
public static String m_szIp="192.168.1.101";
public static short m_szPort=8000;
public static String m_szUserName="admin";
public static String m_szPassWorld="BKRCvideo";
private int lUserID;
private boolean play=false;
//实例化类 PlayerVideo 类,并根据官方给出的案例初始化摄像头连接信息
//TODO 必须先初始化
    private void init(){
        HCNetSDK.getInstance().NET_DVR_Init();
        if(m_iPreviewHandle != -1){
            SDKGuider.g_sdkGuider.m_comPreviewGuider.RealPlay_Stop_jni
(m_iPreviewHandle);
        }
    //   holder=surfaceView.getHolder();
        HCNetSDKByJNA.NET_DVR_USER_LOGIN_INFO loginInfo=new
HCNetSDKByJNA.NET_DVR_USER_LOGIN_INFO();
        System.arraycopy(m_szIp.getBytes(), 0, loginInfo.sDeviceAddress, 0,
m_szIp.length());
        System.arraycopy(m_szUserName.getBytes(), 0, loginInfo.
sUserName, 0, m_szUserName.length());
        System.arraycopy(m_szPassWorld.getBytes(), 0, loginInfo.
sPassword, 0, m_szPassWorld.length());
        loginInfo.wPort=m_szPort;
        HCNetSDKByJNA.NET_DVR_DEVICEINFO_V40 deviceInfo=new
HCNetSDKByJNA.NET_DVR_DEVICEINFO_V40();
        loginInfo.write();
        lUserID=HCNetSDKJNAInstance.getInstance().NET_DVR_Login_
V40(loginInfo.getPointer(), deviceInfo.getPointer());
        init=true;
    }
```

（7）在 MainActivity 类中重写 onResume 方法和 onPause 方法，分别调用
PlayerVideo 类的 start 方法和 stop 方法，实现图像采集的启动和停止。示例代码
如下：

```
@Override
public void onResume() {
    super.onResume();
    if(PlayerVideo.playerVideo.init){
        PlayerVideo.playerVideo.start();
    }
}
@Override
public void onPause()
    super.onPause();
    if(PlayerVideo.playerVideo.init){
    PlayerVideo.playerVideo.stop();
    }
}
```

（8）在 PlayerVideo 类中编写多线程获取图像信息的方法，并将获取到的图像更新到图片显示控件中。

在判断到获取的图像不为空时，通过 MainActivity 中的 Handler 发送消息 what 为 5 的通知信息，通知成功获取到图像。当获取到图像后，将文本控件隐藏。示例代码如下：

```
private void refreshThread(){
    new Thread(new Runnable() {
        @Override
        public void run() {
            enable=true;
            NET_DVR_JPEGPARA PARA=new NET_DVR_JPEGPARA();
            PARA.wPicQuality=0;
            PARA.wPicSize=4;
            int iBufferSize=1300*1500;
            while(play) {
                if(!enable){
                    return;
                }
                byte[] sbuffer=new byte[iBufferSize];
```

```
                INT_PTRbytesRerned=new INT_PTR();
                boolean flag=HCNetSDK. getInstance(). NET_DVR_Capture
JPEGPicture_NEW(lUserID, 1, PARA, sbuffer, iBufferSize, bytesRerned);
                if (flag) {
                    bitmap=BitmapFactory. decodeByteArray(sbuffer, 0, sbuffer.
length);
                    if(bitmap != null){
                        if(!hasImg){
                            hasImg=true;
                            mainActivity. handler. sendEmptyMessage(5);
                        }
                    }
                    mainActivity. runOnUiThread(new Runnable() {
                        @Override
                        public void run() {
                            if(mainActivity. display != null & bitmap != null) {
mainActivity. display. setImageBitmap(roundBitmapByXfermode(bitmap, mainActivity.
display. getMeasuredWidth(), mainActivity. display. getMeasuredHeight(), 15));
                            }
                        }
                    });
                } else {
                    Log. e("frame", "NET_DVR_ERROR:" + HCNetSDK.
getInstance(). NET_DVR_GetLastError());
                    mainActivity. handler. sendEmptyMessage(6);
                    return;
                }
            }
        }
    }).start();
}
```

（9）在 PlayerVideo 类中编写图像裁剪的方法，使图片边框有弧度，提高界面美观度，参考项目中 PlayerVideo 文件。示例代码如下：

```
public static Bitmap roundBitmapByXfermode(Bitmap bitmap, int outWidth, int
outHeight, int radius) {
    if (bitmap== null) {
        throw new NullPointerException("Bitmap can't be null");
    }
    //等比例缩放拉伸
    float widthScale=outWidth * 1.0f / bitmap.getWidth();
    float heightScale=outHeight * 1.0f / bitmap.getHeight();
    Matrix matrix=newMatrix();
    matrix.setScale(widthScale, heightScale);
    BitmapnewBt = Bitmap.createBitmap(bitmap, 0, 0, bitmap.getWidth(),
bitmap.getHeight(), matrix, true);
    //初始化目标 bitmap
    BitmaptargetBitmap= Bitmap.createBitmap(outWidth, outHeight, Bitmap.
Config.ARGB_8888);
    Canvas canvas=newCanvas(targetBitmap);
    canvas.drawARGB(0, 0, 0, 0);
    Paint paint=newPaint();
    paint.setAntiAlias(true);
    RectF rectF=new RectF(0f, 0f, (float) outWidth, (float) outHeight);
    //在画布上绘制圆角图
    canvas.drawRoundRect(rectF, radius, radius, paint);
    //设置叠加模式
    paint.setXfermode(new PorterDuffXfermode(PorterDuff.Mode.SRC_IN));
    //在画布上绘制原图片
    Rect ret=new Rect(0, 0, outWidth, outHeight);
    canvas.drawBitmap(newBt, ret, ret, paint);
    return targetBitmap;
}
```

与海康威视 SDK 对接后，需要在 MainActivity 中进行引用，具体代码参考项目中 MainActivity 中的调用，这里不过多赘述。

3.5.4 物联网云平台设备接入功能任务

1. 实验目的和流程

在本任务中，Android 需要使用百科荣创官方的物联网云平台来实现，本实验的主要实现逻辑是 Android 使用 Http 协议获取物联网平台的 JSON 信息，通过第三方 FastJSON 库解析 JSON 字符串为实体类，实现数据信息的获取与上传。开发流程如图 3-22 所示。

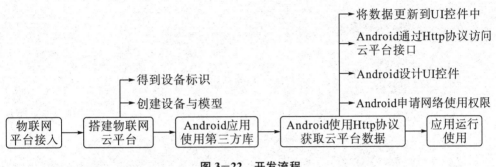

图 3-22　开发流程

2. 物联网平台项目创建

首先进入 https://www.r8c.com/index/iot.html 网页（如图 3-23 所示），登录后可以创建物联网平台，通过这个平台可以创建物联网设备，并提供接入功能。

图 3-23　物联网平台

具体设备创建步骤在 https://www.r8c.com/index/iot/doc.html 中有很详细的

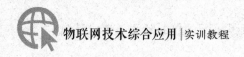

介绍，这里不赘述。

由于项目中使用的方式是 Http 协议接入，所以在创建物联网平台的时候需要将接入协议设置为 Http，如图 3-24 所示。

绵阳师范物联网

设备列表 / 设备编辑

设备标识	不可变更

2cd90477c5a8c243

设备名称	2-20个字符，必填

绵阳师范物联网

设备类型	必选

智慧农业 ⌄

协议类型	不可变更

HTTP——(支持JSON) ⌄

数据报文类型	不可变更

JSON ⌄

图 3-24　设备接入参数

最终设备创建完成，如图 3-25 所示。

图 3-25　物联网云平台设备创建完成

3. Android 应用开发和测试

设备创建完毕后，我们需要开发相应的 Android 应用来与物联网平台进行交互。Android 接入只需要将数据通过 Http 协议获取到物联网云平台的数据信息，并显示到 UI 界面即可。为了方便实现这个功能，我们设计了一个 HttpConnect 类，并封装了 httpGet 和 httpPost 方法，用于读取和发送数据，如图 3-26 所示。详细代码参考项目中 cloud 目录下 HttpConnect 文件。

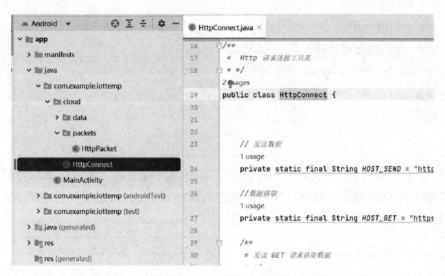

图 3-26　HttpConnect 方法

由于整个通信都是通过 JSON 格式完成的，所以 Android 需要一个处理 JSON 字符串的方法。我们可以在 build. gradle 中引用 fastjson 这个包：

```
implementation('com.alibaba:fastjson:2.0.19.android')
```

这个包可以很方便地处理 JSON 格式的文本，可以将 JSON 格式的字符串转换为实体类。引用方式如图 3-27 所示。

```
31    dependencies {
32
33        implementation 'androidx.appcompat:appcompat:1.4.1'
34        implementation 'com.google.android.material:material:1.5.0'
35        implementation('com.alibaba:fastjson:2.0.19.android')
36        implementation 'androidx.constraintlayout:constraintlayout:2.1.3'
37        testImplementation 'junit:junit:4.13.2'
38        androidTestImplementation 'androidx.test.ext:junit:1.1.3'
39        androidTestImplementation 'androidx.test.espresso:espresso-core:3.4.0'
40    }
```

图 3-27　fastjson 包的引用

之后，我们可以通过浏览器访问 https://www.r8c.com/index/iot/api/2cd90477 c5a8c243/get-data-json-list.html 这个页面，查看物联网云平台中的 JSON 数据信息。

根据这个字符串信息，我们创建了一个 HttpData 实体类，用于存储和解析数据。这个实体类也可以通过 AndroidStudio 的插件 GsonFormatPlus 生成。详细实体类参考项目代码中 cloud\data 目录下 HttpData 文件。

```
public class HttpData {
    private int code;
    private String message;
    private boolean success;
    private DataDTO data;
    ......
}
```

由于 Android 向物联网平台发送数据需要用到网络通信，所以在使用网络通信前，需要申请网络通信的权限。我们需要在 AndroidManifest.xml 文件中的 manifest 标签内添加如下代码，申请使用网络权限。

```
<uses-permission android:name="android.permission.INTERNET" />
<uses-permission android:name="android.permission.ACCESS_NETWORK_STATE" />
<uses-permission android:name="android.permission.ACCESS_WiFi_STATE"/>
<uses-permission android:name="android.permission.ACCESS_FINE_LOCATION"/>
```

申请完成权限后，我们进入资源 res 文件夹，在 layout 文件中设计 Android 界面的布局。这个 activity_main.xml 布局文件包含了需要发送和接收的数据内容，如图 3-28 所示。

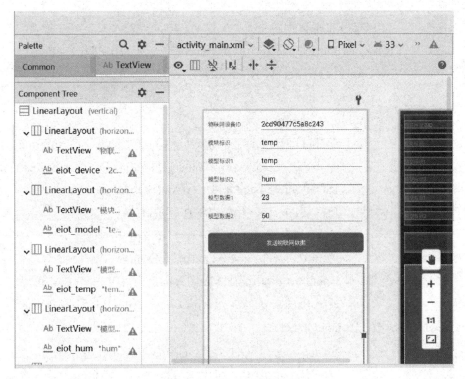

图 3—28　收发数据的界面

在 MainActivity 中，我们绑定 activity_main. xml 布局文件中的控件，并获取到控件中的文本信息内容。然后通过监听按钮的点击事件，将输入框中的内容发送到物联网平台，并将物联网平台返回的信息设置到文本框中。由于网络请求是耗时操作，所以我们创建线程池，并将发送信息的操作放到线程池中执行。示例代码如下：

```
private EditText eTemp;
private EditText eHum;
private TextView msg;
@SuppressLint("MissingInflatedId")
@Override
protected void onCreate(Bundle savedInstanceState)
    super. onCreate(savedInstanceState);
    setContentView(R. layout. activity_main);
    //绑定控件
findViewById(R. id. button). setOnClickListenernew View. OnClickListener()
    @Override
    public void onClick(View view)
```

```
//TODO 发送数据
ExecutorService executors=Executors.newCachedThreadPool();
executors.executenew Runnable()
    @Override
    public void run()
        double i=Double.parseDouble(eTemp.getText().toString());
        double i2=Double.parseDouble(eHum.getText().toString());
        JSONObject jsonObject=new JSONObject();
        JSONObject j2=new JSONObject();
        j2.put(eIotTemp.getText().toString(),i);
        j2.put(eIotHum.getText().toString(),i2);
        jsonObject.put(eIotModel.getText().toString(),j2);
        HttpPacket packet=HttpConnect.httpPost(eIotDevice.
getText().toString(),jsonObject);
        String msg=JSON.toJSONString(packet.toData(),
            SerializerFeature.PrettyFormat, SerializerFeature.
WriteMapNullValue,
            SerializerFeature.WriteDateUseDateFormat);
        MainActivity.this.msg.post(new Runnable() {
        @Override
        public void run() {
            //TODO 切换主线程
            MainActivity.this.msg.setText(msg);
        }
    });
    }
});
}
});
};
```

4 智慧农业大棚数据存储与分析模块

本章节主要讲解使用 ThinkPHP 搭建出数据大屏网页，实时获取服务端中的数据库信息，实现 Web 端界面展示，其展示界面如图 4-1 所示。实现 Web 端界面展示使用到的语言包含但不限于 PHP、HTML 和 JavaScript，这些语言涵盖了较高级别的专业知识。在本章节的讲解中，鉴于网页设计的复杂性，我们将主要集中讲解项目的核心功能，而对页面排版和控件设计等方面的细节不做过多涉及。

图 4-1　Web 端界面展示

智慧农业 Web 端开发业务逻辑流程如图 4-2 所示。

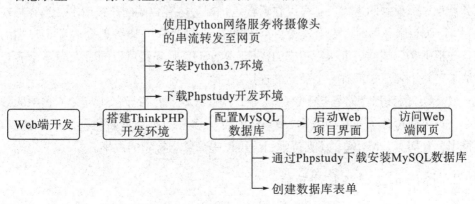

图 4-2　Web 端开发业务逻辑流程

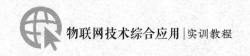

从创建基础开发环境开始，逐步进行流程设计与开发，设定数据库结构，规划 Web 页面，开发前后端并联调，最终实现硬件系统数据的可视化呈现。

4.1 数据存储任务

4.1.1 实验目的

（1）掌握智慧农业大棚 Web 端数据存储的搭建。
（2）掌握 MySQL 数据库环境的搭建和基础使用。

4.1.2 实验内容

（1）实现 MySQL 数据库的下载、安装、配置、启动。获取 MySQL 数据库的安装包，完成安装、设置和启动。
（2）将智慧农业大棚中通过传感器获取的数据，存储到 MySQL 中。

4.1.3 实验所用仪表即设备

（1）硬件：一台与农业大棚在同一局域网的主机。修改路由器中的 IP 设置，将主机设备的 IP 修改为 192.168.1.101。
（2）软件：MySQL。

4.1.4 实验原理

1. MySQL 数据库运行原理

MySQL 是一种关系型数据库管理系统，可以在多种操作系统上运行。MySQL 的运行原理是基于客户端/服务器模型的，通过使用 TCP/IP 协议进行通信。MySQL 服务器是一个独立的进程，它可以在后台运行，等待客户端的连接请求。当客户端连接到 MySQL 服务器时，它会发送一个连接请求。MySQL 服务器会验证客户端的身份，并根据客户端的请求执行相应的操作。MySQL 服务器可以同时处理多个客户端的请求，每个客户端都有一个独立的连接。

MySQL 的数据存储是基于表的，每个表包含多个列和行。列定义了表中的数据类型，行里面包含了实际的数据。MySQL 支持多种数据类型，包括整数、浮点数、字符串、日期等。MySQL 还支持索引，可以提高数据检索的效率。

2. Python 上位机程序功能

使用 Python 编写上位机程序，能快速实现数据收集功能，保证网页端长时间地与传感器设备进行通信，让智慧农业大棚系统数据同步更新。

4.1.5 实验步骤

1．MySQL 数据库下载

在这台主机设备中安装版本为 5.7.X 的 MySQL 数据库。MySQL 下载地址：https://downloads.MySQL.com/archives/installer/。根据设备系统下载相应版本的 MySQL，如图 4—3 所示。

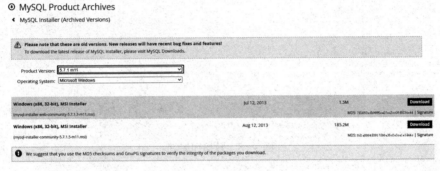

图 4—3 数据库下载

2．MySQL 数据库安装

下载完成后根据教程（https://zhuanlan.zhihu.com/p/188416607）进行安装。安装完成后测试 MySQL 是否可以正常连接。

3．MySQL 数据库配置

下载安装 MySQL 工具软件 Navicat for MySQL，安装完成后点击程序中的连接，连接安装完成的 MySQL，如图 4—4 所示。

图 4—4 MySQL 连接

连接完成后创建数据库，名称为 agriculture，字符集为 utf8mb4――UTF－8 Unicode，排序规则为 utf8mb4_0900_ai_ci，如图 4－5 所示。

图 4－5　数据库属性

在数据库中创建 3 个表，分别为 device、iot_data、rule。其中 device 表如表 4－1 所示，iot_data 表如表 4－2 所示，rule 表如表 4－3 所示。

表 4－1　device 表

字段名	类型	长度	小数点	是否 Null
id	int	0	0	Y
name	varchar	255	0	Y
sign	varchar	255	0	Y
unit	varchar	255	0	N
type	int	0	0	Y
search	varchar	255	0	N
data_filed	varchar	255	0	N

表 4－2　iot_data 表

字段名	类型	长度	小数点	是否 Null
id	bigint	0	0	Y
sign	varchar	255	0	Y
content	varchar	255	0	N
create_time	datetime	0	0	N

表 4-3　rule 表

字段名	类型	长度	小数点	是否 Null
id	int	0	0	Y
name	varchar	255	0	N
value	varchar	255	0	N
create_time	datetime	0	0	N
updata_time	datetime	0	0	N
alias	varchar	255	0	N

由于网页端的局限性，无法保持长时间的与传感器设备进行通信，为了让智慧农业大棚系统数据同步更新，所以在这里我们使用 Python 编写上位机程序接收传感器发送的数据，并将这个数据解析存储到 MySQL 中。

4. 启动数据获取服务

启动如图 4-6 中的 start.bat 文件，该文件是 Windows 系统的批处理文件，双击该文件即可启动相应程序。该程序实现的功能是用 Python 编写的上位机程序接收传感器的数据并保存到 MySQL。需要注意的是，电脑端应有 Python3.7 的运行环境，并与工作状态的大棚设备处于同一个局域网下，同时 MySQL 数据库也是配置完成的状态。

图 4-6　Start.bat 文件

如果出现无法连接的状况，可能是默认的 IP 地址不对，需要修改 main.py 中连接的 IP，main.py 详细代码如图 4-7 所示。修改第 18 行的 IP 与端口，连接的 IP 为农业大棚设备的 IP，这个 IP 可以通过路由器的后台查看，这里不过多赘述。

```
1    import datetime
2    import json
3    import socket
4    import time
5    import pymysql
6
7    print("连接传感器设备中.... 正在启动数据存储任务")
8
9    host = 'localhost'
10   port = 3306
11   db = 'agriculture'
12   user = 'root'
13   password = '981106'
14
15   s = socket.socket()
16
17
18   addr = ('192.168.1.101', 8899)
19   s.connect(addr)
20   print("已建立连接")
21
```

图 4-7　main. py 详细代码

启动程序后，每隔 60 秒接收一次传感器的数据，间隔时间可以进行调节，只需将 time. sleep()方法中的 60 改为其他数值即可，单位是秒。time. sleep()详细代码如图 4-8 所示。

```
while True:
    data = bytearray(s.recv(8))  # 代表从发过来的数据中读取1024byte的数据
    # 接收到的数据
    if(len(data) > 1 and data[0] == 0x55 and data[1] == 0xaa):
        writeMysql(data)

    time.sleep(60)
```

图 4-8　time. sleep()详细代码

4.2　数据管理与分析任务

4.2.1　实验目的

（1）掌握数据库的后台管理与分析操作。

（2）掌握 ThinkPHP 开发框架的使用。

4.2.2　实验内容

（1）使用 ThinkPHP 搭建出智慧农业大数据管理平台。

（2）对智能农业大棚中的数据信息进行管理与分析，将实时更新数据进行可视化。

4.2.3　实验仪表及设备

（1）硬件：一台与农业大棚在同一局域网的主机。

（2）软件：PHPStudy。

4.2.4　实验原理

1. PHPStudy

PHPStudy 是一个 PHP 调试环境的程序包。该程序包集成最新的 Apache＋PHP＋MySQL＋PHPMyAdmin＋ZendOptimizer，能一次性安装，无须配置即可使用，是非常方便、好用的 PHP 调试环境。

2. 数据管理与分析功能

本功能可实时获取服务端中的数据库信息，对数据信息进行管理与分析。其主要分为两部分：一部分是通过在网页端设计相应的文件，展示数据的管理功能；另一部分是通过引用相应文件将数据实时更新到 Web 端界面的图表中，展示数据分析功能。

4.2.5　实验步骤

下载最新版的 PHPStudy 集成环境，如图 4-9 所示。通过这个环境，可以运行 PHP 的前端网页。（注：本项目中的网页是基于 ThinkPHP 框架开发的，主要使用的语言是 PHP 语言，所以需要下载最新版的 PHPStudy 集成环境。）

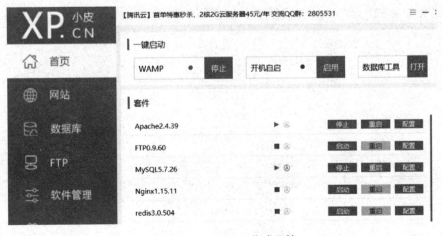

图 4-9　PHPStudy 集成环境

点击选项卡中的"网站"选项，将项目的文件夹放到安装目录\WWW 路径下，之后更改根目录为"安装路径\WWW\项目名称路径\public"。域名设置为本地 127.0.0.1，端口改为 8899。PHP 选择为 php7.4.3nts，如图 4-10 所示，点击"确认"，网站创建完成。

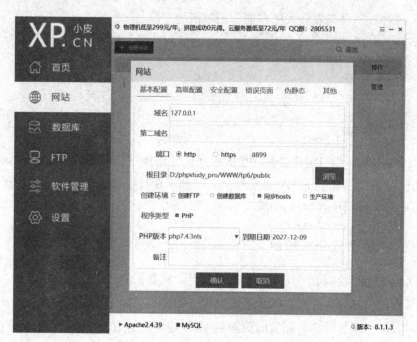

图 4-10 创建网站

通过 http://127.0.0.1:8899/访问智慧农业 Web 项目。运行项目中的 start.bat 文件或者执行 php think worker：server 指令开启 Socket 通信。

ThinkPHP 运行启动之后，需要运行项目中提供的扩展脚本，用于启动视频推流。在项目软件工具里面有"16-海康威视摄像头图像网关"工具，将其解压后，进入项目文件夹的 \webproject 目录下，如图 4-11 的页面中，双击 start.bat 运行即可。

图 4-11 webproject 目录

网页运行效果如图 4-12 所示，此时我们就能获取到摄像头数据。

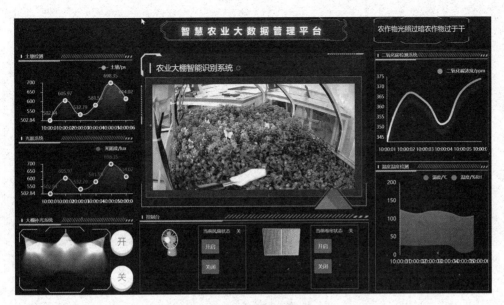

图 4-12　网页运行效果

要运行出上述效果需要在网页端设计相应的文件,通过图表的形式展示出传感器的数据信息,下面进行详细讲解。

首先,我们需要在 model 目录中找到 IOTdata. php 文件,并在该文件中创建一个类集成 ThinkPHP 框架中的 Model 类,这样我们就可以用 IOTdata. php 文件中的类来声明一个 db 数据库的对象。然后在 database. php 中修改 MySQL 连接参数,使其与我们创建的数据库相匹配。注:不同版本的 database. php 的位置不同,在当前项目中,database. php 路径在项目目录\config\ database. php 下。以下是 database. php 文件中需要修改的部分。

```
return [
    // 默认使用的数据库连接配置
    'default'  ⇒  env('database.driver', 'MySQL'),
    // 自定义时间查询规则
    'time_query_rule'  ⇒  [],
    // 自动写入时间戳字段
    // true 为自动识别类型 false 关闭
    // 字符串则明确指定时间字段类型 支持 int timestamp datetime date
    'auto_timestamp'  ⇒  true,
    // 时间字段取出后的默认时间格式
    'datetime_format'  ⇒  'Y-m-d H:i:s',
    // 数据库连接配置信息
```

```
'connections'  ⇒  [
    'MySQL'  ⇒  [
        // 数据库类型
        'type'  ⇒  env('database.type', 'MySQL'),
        // 服务器地址
        'hostname'  ⇒  env('database.hostname', '127.0.0.1'),
        // 数据库名
        'database'  ⇒  env('database.database', 'agriculture'),
        // 用户名
        'username'  ⇒  env('database.username', 'root'),
        // 密码
        'password'  ⇒  env('database.password', 'root'),
        // 端口
        'hostport'  ⇒  env('database.hostport', '3306'),
        // 数据库连接参数
        'params'  ⇒  [],
        // 数据库编码默认采用 utf8
        'charset'  ⇒  env('database.charset', 'utf8'),
        // 数据库表前缀
        'prefix'  ⇒  env('database.prefix', "),
        // 数据库部署方式:0 集中式(单一服务器),1 分布式(主从服务器)
        'deploy'  ⇒  0,
        // 数据库读写是否分离 主从式有效
        'rw_separate'  ⇒  false,
        // 读写分离后 主服务器数量
        'master_num'  ⇒  1,
        // 指定从服务器序号
        'slave_no'  ⇒  ",
        // 是否严格检查字段是否存在
        'fields_strict'  ⇒  true,
        // 是否需要断线重连
        'break_reconnect'  ⇒  false,
        // 监听 SQL
```

```
            'trigger_sql'  ⇒  env('app_debug', true),
            // 开启字段缓存
            'fields_cache'  ⇒  false,
        ],
        // 更多的数据库配置信息
    ],
];
```

接下来需要在项目的\controller\iot 目录下找到 Index. php 文件，这个文件是与前端通信的接口文件。我们需要在这个文件中添加一个函数，用来访问数据库并返回数值。以获取光照为例，编写静态的函数，这个函数通过 IOTData 访问到 ThinkPHP 封装的 db 数据库，根据 MySQL 的字段获取对应的数据，获取完成后通过 JSON 的格式将数据返回给前端。示例代码如下：

```
public static function getillumination() {
    $dp01=IOTData::where("sign", "like", "dp01_illumination")->order
('create_time', 'desc')->limit(6)->select();
    $illuminationDataArr=array();
    if ($dp01) {
        $illuminationDataArr["dp01_illumination"]=$dp01;
    } else {
        $illuminationDataArr["dp01_illumination"]=[];
    }
    return JsonMsg::success("success", [
        'data'=> $illuminationDataArr,
        'sign'=> "ill"
    ]);
}
```

然后在项目的\view\index 目录下找到 index. html 网页文件，在该文件中引用 script 标签，在 script 标签内调用 setInterval 定时方法，每隔一段时间通过 ajax. js 获取到 JavaScript 中封装好的请求方法。这个方法用来请求光照度信息，URL 为 iot\data\illumination−last。

在项目的\route 目录下找到 route. php，在该文件中增加一个路由光照度信息的访问路径作为第一个参数。这个路径是网页端请求的地址，当网页请求这个路径时，会访问到后端，也就是执行第二个参数的函数，获取返回值，将这个函数返回值作为

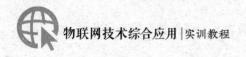

第二个参数。

```
Route::get('data/illumination-last', 'iot.Index/getilluminationLast');
```

在 ajax.js 文件中我们封装了一个 success 方法，用来接收请求到的数据，并根据数据绘制图表。为了绘制图表，我们还需要在 echarts.js 文件中封装两个方法：getIlIData 方法和 changeOptionModelOne 方法。前者用于处理光照度数据，后者用于更新图表选项。

```
let success=function (res) {
    if (res.code !== 200) {
        console.log("设备数据获取失败,使用模拟数据:", res.data.sign);
    } else {
        let result=res.data;
        let length=result.length;
        let {data, sign}=result;
        switch(sign) {
            case "ill":
                var chartData=getIllData(data);
                changeOptionModelOne(sign, chartData);
                break;
        }
    }
}
```

这段代码是基于 JavaScript 的定时功能实现的，通过这个方法可以定时与后端交互，获取数据信息。

接着在 view 文件夹下，找到 index 文件夹进入 index.html 界面，在适当的位置增加<div>标签，将标签内的属性 class 设置为 dp01_illumination，这个用作展示图表信息。

在项目的 view 文件夹中，在 index 目录下的 index.html 网页文件中，引用 script 标签，调用 setInterval 方法，完成定时任务，获取通过 ajax.js 获取到 JavaScript 中的请求方法。请求光照度信息，URL 为/iot/data/illumination-last。

向后端 PHP 增加对应的函数，获取光照度信息。示例代码如下：

```
public static function getillumination() {
    $dp01=IOTData::where("sign", "like", "dp01_illumination")->order
('create_time', 'desc')->limit(6)->select();
    $illuminationDataArr=array();
    if ($dp01) {
        $illuminationDataArr["dp01_illumination"]=$dp01;
    } else {
        $illuminationDataArr["dp01_illumination"]=[];
    }
    return JsonMsg::success("success", [
        'data'=> $illuminationDataArr,
        'sign'=> "ill"
    ]);
}
```

引用 polyline.js 文件，通过这个文件将数据更新到图表。

```
import { changeOptionModelOne } from '/static/screen/chart/polyline.js';
```

编写 illChange 方法，将获取到的数据更新到图表控件中。

```
function illChange(axisData) {
    let xAis=axisData.xAxis;
    let yAis=axisData.yAxis;
    xAis.forEach((item, index)=> {
        let chart, option=polyline_option;
        switch(item) {
            case "dp01_illumination":
chart=illChart[0];
                option.title.text=""
                break;
        }
        option.xAxis[0].data=yAis[item]["x"];
        let serriesData=yAis[item]["y"];
        option.series[0].data=  serriesData;
        chart.setOption(option);
```

```
        setTimeout(()⇒{
            var dispatchChart=chart;
            //console.log("serriesData", serriesData);
            serriesData=serriesData.map((item)⇒{return parseFloat(item)});
            dispatchChart.dispatchAction({
                type: 'showTIP',
                seriesIndex:0,   // 显示第几个 series
                 dataIndex: serriesData.indexOf(Math.max(...serriesData))
// 显示第几个数据
            }, 500);
        })
    });
}
```

最后在 public\static\screen\chart 目录下找到曲线样式文件，在这个文件中初始化曲线的样式信息。最终展示效果如图 4-13 所示。

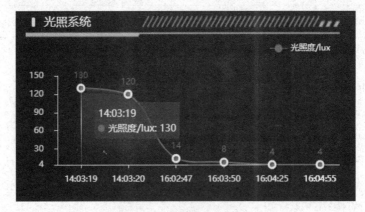

图 4-13 光照度信息展示

5 智慧农业大棚自动控制模块

5.1 实验目的

(1) 熟悉 Android Studio。

(2) 了解自动控制模块。

(3) 搭建智慧农业大棚。

5.2 实验内容

(1) 开发 Android 综合应用，实现自动联动控制。

(2) 根据传感器采集的环境数据实现自动控制的功能。

5.3 实验所需仪表及设备

(1) 硬件：电脑一台、海康威视摄像头一台、温湿度传感器、光照度传感器、土壤湿度传感器、二氧化碳浓度传感器、卷帘灌溉系统、可调 RGB 灯、电动风扇、温拉设备、继电器模块、PWM 控制器、智能网关、RS485 模块。

(2) 软件：Android Studio。

5.4 实验原理

5.4.1 底层设备系统结构

智慧农业大棚自动控制模块通过智能终端下发自定义协议数据控制底层设备卷

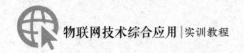

帘、喷灌、通风、暖风的开启或关闭和 RGB 灯的颜色变化，系统框图如图 5-1 所示。

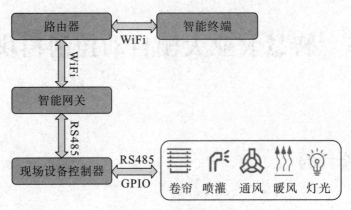

图 5-1　系统框图

5.4.2　Android 综合应用介绍

智慧农业大棚自动控制模块的 Android 端使用为综合案例开发，下面将介绍 Android 综合应用的使用及开发流程，其流程图如图 5-2 所示。

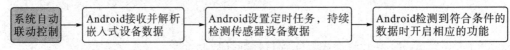

图 5-2　系统自动联动控制流程图

（1）Android 综合应用界面介绍。

Android 综合应用界面如图 5-3 所示，在本界面中的两侧可以看到传感器获取到的环境数据，中间的模块则用于显示海康威视摄像头的图像数据，根据这个图像数据可以实现识别大棚中的病虫害以及生长周期的功能（具体实现见第 6 章）。

图 5-3　Android 综合应用界面

若移动应用未连接到设备的 WiFi，则无法观察到摄像头的信息以及无法获取传感器的数据。若移动应用连接到设备，则设备状况的红点会变为绿色，同时也会显示出数据信息。若未变成绿色，可以点击设备状况旁边的图标↻实现重新加载设备的功能；或者结束这个应用的进程，重启应用。

通过手势滑动或者点击数据展示旁边的三条杠来切换与任务对应的功能，如图 5-4 所示。

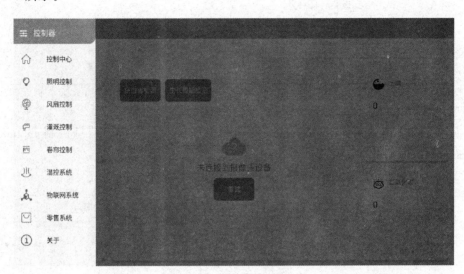

图 5-4 功能列表

其中控制中心就是主页面，用于显示摄像头图像以及传感器数据。其他部分就是本章节后续要实现的功能，点击这些选项就可以跳转到相应的界面。

（2）Android 综合应用程序设计。

①使用 onCreate 方法对控件进行初始化并加载样式布局，示例代码如图 5-5 所示。

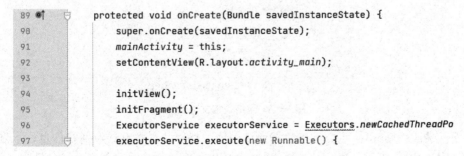

```
89      protected void onCreate(Bundle savedInstanceState) {
90          super.onCreate(savedInstanceState);
91          mainActivity = this;
92          setContentView(R.layout.activity_main);
93
94          initView();
95          initFragment();
96          ExecutorService executorService = Executors.newCachedThreadPo
97          executorService.execute(new Runnable() {
```

图 5-5 初始化控件代码

②启动定时服务。

通过调用多线程启动定时服务，如图 5-6 所示。这个定时服务用于长时间地检测传感器数据是否符合自动控制的预设值。

```
    ExecutorService executorService = Executors.newCachedThreadPool();
    executorService.execute(new Runnable() {
        @Override
        public void run() {
            initListener();

            changeView( index: 0);
            //用于自动操作
            initService();
            initSocket();
        }
    });
```

图 5-6　启动定时服务代码

③其他服务。

除了以上基本服务外，本项目还使用到了网络通信功能、消息机制 Handler、MySQL 数据库。

其中网络通信相关操作参考第 2 章，其文件位置如图 5-7 所示。

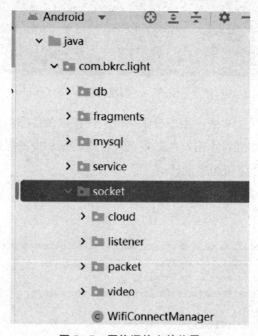

图 5-7　网络通信文件位置

消息机制 Handler 主要用于数据处理模块，根据消息类型获取通知信息，示例代码如图 5-8 所示。该功能接收到传感器的数据，并设置综合案例中的设备状态，随后将接收到的数据封装为数据包转发到每个 Fragment 中，确保不同的 Fragment 都能获取到传感器的数据。

```
if(msg.what == 4){
    //TODO 得到数据
    byte[] bytes = (byte[]) msg.obj;
    DefaultPacket defaultPacket = new DefaultPacket();
    DefaultPacket d2 = defaultPacket.decode(bytes);
    if(d2 != null){
        Message ms = new Message();
        ms.what = 4;
        ms.obj = d2;
        DataFragment.newInstance().handler.sendMessage(ms);
        if(d2.type == DataItem.DataType.environment){
            HeaterFragment.newInstance().onGetPacket(d2);
        }
    }
    SettingPacket settingPacket = new SettingPacket();
    SettingPacket s2 = settingPacket.decode(bytes);
    if(s2 != null){
        switch (s2.type){
            case SettingPacket.S_FAN:
                FanFragment.newInstance().onGetPacket(s2);
                break;
```

图 5-8　消息机制接收数据代码

MySQL 数据库是为了将大棚数据进行存储，在 Web 端开发时用到此功能（具体实现见第 4 章）。

5.5　实验步骤

5.5.1　自动补光系统联动控制任务

1．自动补光系统平台搭建

自动补光系统设备部署框图如图 5-9 所示。

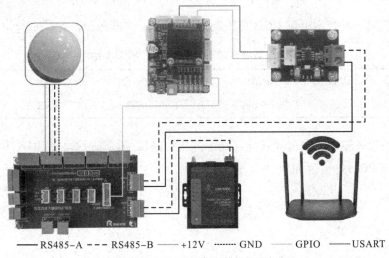

—— RS485-A　- - - RS485-B　—— +12V　······· GND　—— GPIO　—— USART

图 5-9　自动补光系统设备部署框图

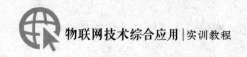

系统通过可调 RGB 灯、智能网关、RS485 模块连接到智慧农业大棚接线扩展板，最后使用智能终端下发控制指令，当现场设备驱动器接收到控制指令后控制可调 RGB 灯呈现不同颜色灯光。

2. 现场设备驱动器底层开发

接收光照度传感器的数据，并对其进行解析，随后控制 RGB 灯光的变化。

在 main. c 文件中的 while(1) 里循环接收智能终端下发数据并进行解析及控制，示例代码如图 5-10 所示。

```
91          RS485_Receive_Data(RS485_BUF, &len); //查询接收数据
92
93          if(len)//接收到有数据
94          {
95              switch(RS485_BUF[0])
96              {
97                  case 0x55:
98                      if(RS485_BUF[1] == 0xBB)
99                      {
100                         switch(RS485_BUF[2])
101                         {
102                             case 0x05:
103                                 LED1=~LED1;
104                                 RGB_485_Data[0]=0x31;
105                                 RGB_485_Data[3]=RS485_BUF[3];
106                                 RGB_485_Data[4]=RS485_BUF[4];
107                                 RGB_485_Data[5]=RS485_BUF[5];
108                                 CRC16_HL=getCrc16(RGB_485_Data);
109                                 RGB_485_Data[6]=CRC16_HL&0xFF;
110                                 RGB_485_Data[7]=(CRC16_HL>>8)&0xFF;
111                                 RS485_Send_Data(RGB_485_Data, 8);   //485上传
112                                 Delay_ms(50);
113                                 RS485_Send_Data(RGB_485_Data, 8);   //485上传
114                                 Delay_ms(100);
115                                 RGB_485_Data[0]=0x32;
116                                 CRC16_HL=getCrc16(RGB_485_Data);
117                                 RGB_485_Data[6]=CRC16_HL&0xFF;
118                                 RGB_485_Data[7]=(CRC16_HL>>8)&0xFF;
119                                 RS485_Send_Data(RGB_485_Data, 8);   //485上传
120                                 Delay_ms(50);
121                                 RS485_Send_Data(RGB_485_Data, 8);   //485上传
122                                 Delay_ms(50);
123                                 break;
124
125                             default:
126                                 break;
127                         }
```

图 5-10　自动补光系统底层代码

智能终端下发控制可调 RGB 灯控制指令如表 5-1 所示。

表 5-1　智能终端下发控制可调 RGB 灯指令

包头		设备 ID	R 值	G 值	B 值	保留	包尾
0x55	0xBB	0x05	0x00—0xFF	0x00—0xFF	0x00—0xFF	0xXX	0xBB

当现场设备驱动器接收到智能终端下方的控制指令，通过解析后即可下发控制指令控制可调 RGB 灯协议如表 5-2 所示。

表 5－2　智能终端下发控制可调 RGB 灯协议

设备地址	固定	功能码	R 值	G 值	B 值	CRC 校验低 8 位	CRC 校验高 8 位
0x31	0x02	0x01	0x00－0xFF	0x00－0xFF	0x00－0xFF	0xXX	0xXX

注：智慧农业大棚综合应用系统使用的两盏 RGB 灯设备地址分别为 0x31、0x32。

到这里我们就已经完成了自动补光系统联动控制任务的硬件底层驱动开发，下面我们将进行 Android 应用开发，完成智能终端下发控制指令数据，控制底层设备状态的功能。

3．Android 应用开发

（1）自动补光系统 UI 设计。

在这个布局中增加选择颜色的控件以及设置自动控制的 Switch 控件，当 Switch 控件开启时，程序会根据后台的定时任务获取传输到的光照，并根据预设好的值设置光照颜色，当用户手动操作时，则关闭自动控制的功能。其 UI 设计如图 5－11 所示。

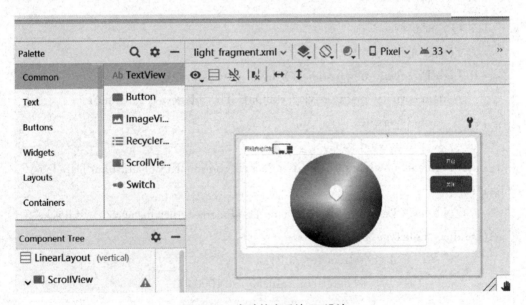

图 5－11　自动补光系统 UI 设计

（2）下发底层设备控制指令及自动功能设计。

使用 onCreateView 方法实现按键的监听功能。其示例代码如图 5－12 所示。

```
64
65    @SuppressLint("MissingInflatedId")
66    @Override
67    public View onCreateView(@NonNull LayoutInflater inflater, @Nullable ViewGroup container, @Nu
68        View view = inflater.inflate(R.layout.light_fragment, container, attachToRoot: false);
69    //      imageView = view.findViewById(R.id.imageView3);
70        colorPickerView = view.findViewById(R.id.light_rgb);
71        colorPickerView.setOnColorPickerChangerListener(new ColorPickerView.OnColorPickerChangerL
           1 usage
72        @Override
73        public void onColorPickerChanger(int currentColor, int red, int green, int blue) {
74            if(lauto != null){
75                if(light_auto_status && lauto.isChecked()){
76                    light_auto_status = false;
77                    lauto.toggle();
78
79                }
80            }
81            send(currentColor);
82        }
83    });
```

图 5-12　光照控件监听代码

使用 onStartCommand 方法实现光照的自动化检测，检测的过程中需要判断开关是否开启。示例代码如下：

```
//TODO 定时执行
    //TODO 光照
    if(LightFragment. newInstance(). light_auto_status) {
        MainActivity. mainActivity. runOnUiThread(new Runnable() {
            @Override
            public void run() {
if(DataFragment. newInstance(). dataPacket. containsKey(DataItem. DataType.
light)){

                DefaultPacket dataItem=DataFragment. newInstance(). dataPacket.
get(DataItem. DataType. light);
                if (dataItem != null) {
                    if (dataItem. value[0] < 1000) {
                        //光过暗
                        //白色灯光
                        LightFragment. newInstance(). send(0xFFFFFF);
                    } else if (dataItem. value[0] > 4000) {
                        LightFragment. newInstance(). send(0x000000);
                    }
                }
```

```
        }
      }
    });
}
```

当获取到的值小于一定数量时，就调用控件中的方法开启灯光，反之关闭。光照的开启方法需要发送相应的数据包，示例代码如下：

```
public void send(final int color){
    new Thread(new Runnable() {
        @Override
        public void run() {
            int red=Color.red(color);
            int green=Color.green(color);                int blue=Color.blue
(color);
            SettingPacket settingPacket=new SettingPacket();
            settingPacket.type=SettingPacket.S_LIGHT;
            settingPacket.value=new int□{red,green,blue};
            MainActivity.mainActivity.getWifiConnectManager().sendData
(settingPacket);
        }
    }).start();
}
```

（3）结果预览。

运行项目并切换到照明控制界面（如图5-13所示），由于在运行的过程中未连接到嵌入式设备，所以设备状况呈红色。当触碰中间的色盘时，设备的光照就会随着触碰的变化而变化。当点击"开启"按钮时，大棚设备就会开启白色的灯光；当点击"关闭"按钮时就会关闭大棚设备的光照。

当选中自动控制的开关时，程序就会根据之前设计好的定时任务检测传感器数据，并进行开启和关闭的操作。

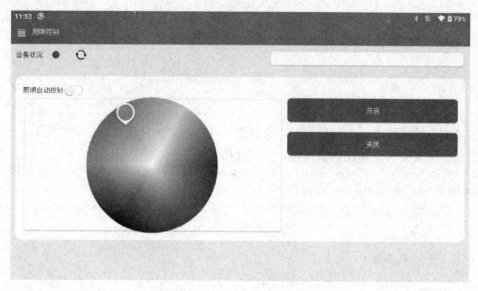

图 5-13　照明控制界面

5.5.2　自动新风系统联动控制任务

1. 自动新风系统平台搭建

自动新风系统设备部署框图如图 5-14 所示。

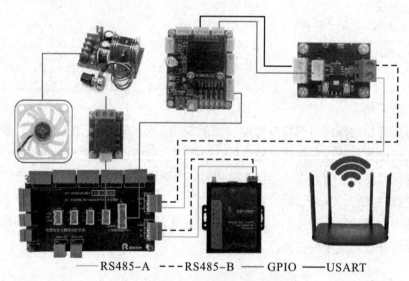

—— RS485-A ---- RS485-B —— GPIO —— USART

图 5-14　自动新风系统设备部署框图

系统通过电动风扇、继电器模块、PWM 控制器、智能网关、RS485 模块连接到智慧农业大棚接线扩展板，使用智能终端下发控制指令，当现场设备驱动器接收到控制指令后控制电动风扇开启或关闭。

2. 现场设备驱动器底层开发

接收二氧化碳传感器的数据，对其进行解析，根据二氧化碳的浓度值对电动风扇进行控制。

在 main.c 文件中的 while(1) 里循环接收智能终端下发数据并进行解析及控制，示例代码如图 5-15 所示。

```c
60        RS485_Receive_Data(RS485_BUF, &len);  //查询接收数据
61
62        if(len)//接收到有数据
63        {
64            switch(RS485_BUF[0])
65            {
66                case 0x55:
67                    if(RS485_BUF[1] == 0xBB)
68                    {
69                        switch(RS485_BUF[2])
70                        {
71                            case 0x20:     //风扇
72                                LED2 = ~LED2;
73
74                                if(RS485_BUF[3] == 1)
75                                {
76                                    Relay_Handle3(1);
77                                }
78                                else
79                                {
80                                    Relay_Handle3(0);
81                                }
82                                break;
83
84                            default:
85
86                                break;
87                        }
88                    }
89                    break;
90
91                default:
92                    break;
```

图 5-15　自动新风系统代码

智能终端下发控制电动风扇控制指令如表 5-3 所示。

表 5-3　智能终端下发控制电动风扇指令

包头		设备 ID	状态位	保留	保留	保留	包尾
0x55	0xBB	0x20	0：关闭 1：开启	0xXX	0xXX	0xXX	0xBB

当接收到智能终端下发数据第 3 位为 0x20 表示为新风系统的控制指令；判断第 4 位数据为 1 时开启新风系统，为 0 时关闭新风系统。

到这里我们就已经完成了自动新风系统联动控制任务的硬件底层驱动开发，下面我们将进行 Android 应用开发，学习如何使用智能终端下发控制指令数据，控制底层

设备状态。

3. Android 应用开发

（1）自动补光系统 UI 设计。

增加控制风扇开启的控件以及设置自动控制的 Switch 控件，当 Switch 控件开启时，程序会根据后台的定时任务获取传输到的二氧化碳浓度，并根据二氧化碳浓度的阈值控制风扇的开启或关闭，其 UI 设计如图 5-16 所示。当用户手动操作时，则关闭自动控制的功能。

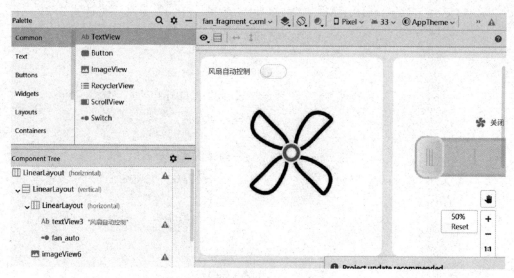

图 5-16　自动新风系统 UI 设计

（2）下发底层设备控制指令及自动功能设计。

在 LongRunningService 服务中重写 onStartCommand 方法获取 Socket 接收到的二氧化碳浓度数据，然后根据预设的值去判断是否要自动开启风扇。当二氧化碳浓度的值超过 700 时自动开启风扇，当二氧化碳浓度的值低于 500 时关闭风扇。示例代码如下：

```
//TODO 风扇
if(FanFragment.newInstance().toggle_status) {
    MainActivity.mainActivity.runOnUiThread(new Runnable() {
        @Override
        public void run() {
            if(DataFragment.newInstance().dataPacket.containsKey(DataItem.
DataType.co2)) {
```

```
                DefaultPacket dataItem=DataFragment.newInstance().dataPacket.
get(DataItem.DataType.co2);
                    if (dataItem != null) {
                        if (dataItem.value[0] > 700) {
                            FanFragment.newInstance().changeFan(1);
                        } else if (dataItem.value[0] <= 500) {
                            FanFragment.newInstance().changeFan(0);
                        }
                    }
                }
            }
        });
}
```

（3）结果预览。

运行项目并切换到风扇控制的界面（如图5-17所示），由于在运行的过程中未连接到嵌入式设备，所以设备状况呈红色，当拖动右边的开关时会开启或关闭风扇。

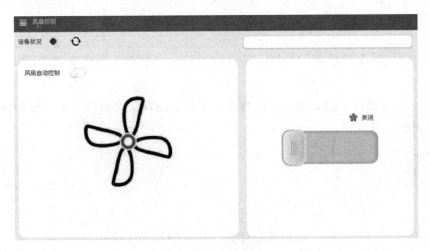

图5-17　风扇界面

开启风扇自动控制时，应用会根据获取到的二氧化碳浓度值自动开启关闭风扇。

5.5.3　自动灌溉系统联动控制任务

1.　自动灌溉系统平台搭建

自动灌溉系统设备部署框图如图5-18所示。

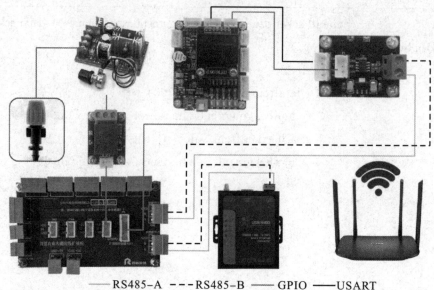

—— RS485-A ---- RS485-B —— GPIO ——USART

图 5—18 自动灌溉系统设备部署框图

系统通过灌溉系统、继电器模块、PWM 控制器、智能网关、RS485 模块连接到智慧农业大棚接线扩展板，使用智能终端下发控制指令，当现场设备驱动器接收到控制指令后控制灌溉系统开启或关闭。

2. 现场设备驱动器底层开发

接收土壤湿度传感器的数据，对其进行解析，根据土壤湿度对灌溉系统进行控制。

在 main. c 文件中的 while(1) 里循环接收智能终端下发数据并进行解析及控制，示例代码如图 5—19 所示。

```
main.c
62          RS485_Receive_Data(RS485_BUF, &len); //查询接收数据
63
64          if(len)//接收到有数据
65          {
66              switch(RS485_BUF[0])
67              {
68                  case 0x55:
69                      if(RS485_BUF[1] == 0xBB)
70                      {
71                          switch(RS485_BUF[2])
72                          {
73                              case 0x21:      //灌溉
74
75                                  LED2 = ~LED2;
76
77                                  if(RS485_BUF[3] == 1)
78                                  {
79                                      Relay_Handle2(1);
80                                  }
81                                  else
82                                  {
83                                      Relay_Handle2(0);
84                                  }
85
86                                  break;
87
88                              default:
89                                  break;
90                          }
91                      }
92
93                      break;
94
95                  default:
96                      break;
97              }
98          }
```

图 5-19 自动灌溉系统底层代码

智能终端下发灌溉系统控制指令如表 5-4 所示。

表 5-4 智能终端下发灌溉系统控制指令

包头		设备 ID	状态位	保留	保留	保留	包尾
0x55	0xBB	0x21	0：关闭 1：开启	0xXX	0xXX	0xXX	0xBB

当接收到智能终端下发数据第 3 位为 0x21 表示为灌溉系统的控制指令；判断第 4 位数据为 1 时开启灌溉系统，为 0 时关闭灌溉系统。

到这里我们就已经完成了自动灌溉系统联动控制任务的硬件底层驱动开发，下面我们将进行 Android 应用开发，学习如何使用智能终端下发控制指令数据，控制底层设备状态。

3. Android 应用开发

（1）自动灌溉系统 UI 设计。

增加控制灌溉开启的控件以及设置自动控制的 Switch 控件，当 Switch 控件开启时，程序会根据后台的定时任务获取传输来的土壤湿度，并根据土壤湿度的阈值来控

制是否灌溉土壤，其 UI 设计如图 5-20 所示。当用户手动操作时，则关闭自动控制的功能。

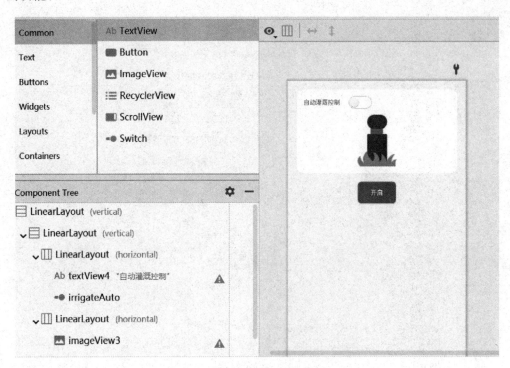

图 5-20　自动灌溉系统 UI 设计

（2）下发底层设备控制指令及自动功能设计。

在 LongRunningService 服务中重写 onStartCommand 方法获取 Socket 接收到的土壤湿度数据，然后根据获取到的土壤湿度去控制灌溉是否开启。部分示例代码如下：

```
//TODO 灌溉
if(IrrigateFragment.newInstance().toggle_status) {
    MainActivity.mainActivity.runOnUiThread(new Runnable() {
        @Override
        public void run() {
            if(DataFragment.newInstance().dataPacket.containsKey(DataItem.
DataType.soil)) {
                DefaultPacket dataItem=DataFragment.newInstance().dataPacket.
get(DataItem.DataType.soil);
                if (dataItem != null) {
```

```
                if (dataItem.value[0] <= 10) {
                    IrrigateFragment.newInstance().change(true);
                } else if (dataItem.value[0]  >= 60) {
                    IrrigateFragment.newInstance().change(false);
                }
            }
        }
    });
}
```

（3）结果预览。

运行项目并切换到灌溉控制的界面（如图 5-21 所示），由于在运行的过程中未连接到嵌入式设备，所以设备状况呈红色。点击"开启"后，应用就会向传感器设备发送喷灌开启的指令，同时"开启"按钮就会变为"关闭"按钮，点击"关闭"后应用发送喷灌关闭指令。

图 5-21　自动灌溉系统控制界面

当开启自动灌溉控制的时候就会根据土壤湿度自动开启或关闭灌溉，当土壤湿度低于 10％的时候会开启，高于 60％的时候会关闭。

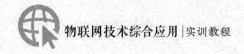

5.5.4 自动卷帘系统联动控制任务

1. 自动卷帘系统平台搭建

自动卷帘系统设备部署框图如图 5−22 所示。

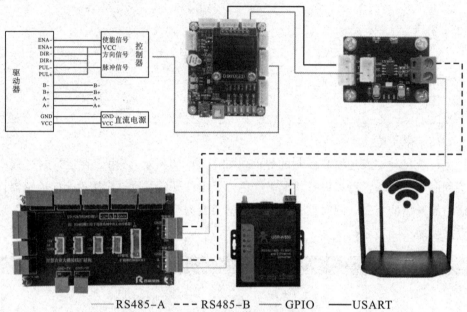

— RS485-A --- RS485-B —— GPIO —— USART

图 5−22 自动卷帘系统设备部署框图

系统通过电机驱动器、步进电机、卷帘、智能网关、RS485 模块连接到智慧农业大棚接线扩展板，使用智能终端下发控制指令，当现场设备驱动器接收到控制指令后控制步进点击正转或反转以实现卷帘开启或关闭。

2. 现场设备驱动器底层开发

接收光照度传感器的数据，对其进行解析，根据光照强度对卷帘系统进行控制。

在 main.c 文件中的 while(1) 里循环接收智能终端下发数据并进行解析及控制，示例代码如图 5−23 所示。

```
 main.c
100
101          if(len)//接收到有数据
102          {
103              switch(RS485_BUF[0])
104              {
105                  case 0x55:
106                      if(RS485_BUF[1] == 0xBB)
107                      {
108                          switch(RS485_BUF[2])
109                          {
110                              case 0x22:  //卷帘门
111                                  if(RS485_BUF[3] == 1)
112                                  {
113                                      if(motor_flag==1)
114                                      {
115                                          TIM_SetCompare1(TIM3,0);
116                                          Delay_ms(500);
117                                          ENA(0);
118                                          DIR(0);
119                                          TIM_SetCompare1(TIM3,75);
120                                          motor_time_flag=1;
121                                      }
122                                  }
123                                  else if(RS485_BUF[3] == 2)
124                                  {
125                                      if(motor_flag==0)
126                                      {
127                                          TIM_SetCompare1(TIM3,0);
128                                          Delay_ms(500);
129                                          ENA(0);
130                                          DIR(1);
131                                          TIM_SetCompare1(TIM3,75);
132                                          motor_time_flag=1;
133                                      }
134                                  }
135                                  else
136                                  {
137                                      TIM_SetCompare1(TIM3,0);
138                                      ENA(0);
139                                      motor_time_flag=0;
140                                  }
141
```

图 5-23 自动卷帘系统代码

智能终端下发卷帘系统控制指令如表 5-5 所示。

表 5-5 智能终端下发卷帘系统控制指令

包头		设备 ID	状态位	保留	保留	保留	包尾
0x55	0xBB	0x22	0：停止 1：开启 2：关闭	0xXX	0xXX	0xXX	0xBB

当接收到智能终端下发数据第 3 位为 0x22 表示为卷帘系统的控制指令；判断第 4 位数据为 2 时关闭卷帘系统，为 1 时开启卷帘系统，为 0 时停止卷帘系统。

到这里我们就已经完成了自动卷帘系统联动控制任务的硬件底层驱动开发，下面我们将进行 Android 应用开发，学习如何使用智能终端下发控制指令数据，控制底层设备状态。

3. Android 应用开发

（1）自动卷帘系统 UI 设计。

在这个布局中增加卷帘状态监听的控件，设置自动控制的 Switch 控件以及控制卷帘的开启、关闭、停止的控件。自动卷帘控制系统的 UI 设计如图 5-24 所示，由于卷帘门控制大棚中的光照度，所以我们需要获取传输到的光照强度，并根据光照度的阈值来控制是否开启、关闭卷帘。当用户手动操作时，则关闭自动控制的功能。

图 5-24　自动卷帘控制系统 UI 设计

（2）下发底层设备控制指令及自动功能设计。

在 LongRunningService 服务中重写 onStartCommand 方法来后台执行程序。使用线程获取 Socket 接收到的光照度数据，然后根据获取到的光照度数据去控制卷帘系统是否开启。

```
//TODO 自动卷帘
if(ShutterFragment.newInstance().shutter_auto_status){
    MainActivity.mainActivity.runOnUiThread(new Runnable(){
        @Override
        public void run(){
            if(DataFragment.newInstance().dataPacket.containsKey(DataItem.
DataType.light)){
                DefaultPacket dataItem=DataFragment.newInstance().dataPacket.
get(DataItem.DataType.light);
                if (dataItem != null) {
                    if (dataItem.value[0] > 5000) {
                        //光过亮
                        if(ShutterFragment.newInstance().status != 2) {
                            ShutterFragment.newInstance().change(2);
```

```
                    }
            } else if (dataItem.value[0] < 1000) {
                if(ShutterFragment.newInstance().status != 0) {
                    ShutterFragment.newInstance().change(0);
                }
            }
        }
    }
});
}
```

当获取到光照度的值大于 5000 的时候自动开启卷帘，当获取的光照度小于 1000 时则关闭卷帘。

（3）结果预览。

运行项目并切换到卷帘控制的界面（如图 5-25 所示），由于在运行的过程中未连接到嵌入式设备，所以设备状况呈红色。之后通过界面中的三个按键控制卷帘开启、关闭、停止。当开启自动卷帘控制的时候就会根据光照度自动开启或关闭卷帘。

图 5-25 自动卷帘控制界面

5.4.5　自动温控系统联动控制任务

1.　自动温控系统平台搭建

自动温控系统设备部署框图如图 5-26 所示。

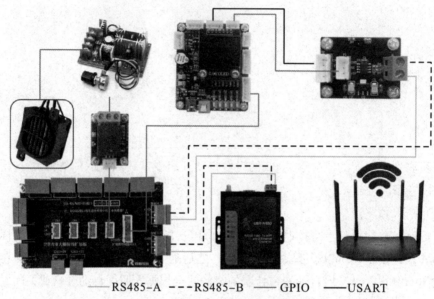

———RS485-A ---RS485-B ——GPIO ——USART

图 5-26　自动温控系统设备部署框图

系统通过温控设备、继电器模块、PWM 控制器、智能网关、RS485 模块连接到智慧农业大棚接线扩展板，使用智能终端下发控制指令，当现场设备驱动器接收到控制指令后控制温控系统开启或关闭。

2.　现场设备驱动器底层开发

接收温湿度变送器的数据，对其进行解析，根据环境温度值对温控系统进行控制。

在 main.c 文件中的 while（1）里循环接收智能终端下发数据并进行解析及控制，主要代码如图 5-27 所示。

```
main.c
80          RS485_Receive_Data(RS485_BUF, &len); //查询接收数据
81
82          if(len)//接收到有数据
83          {
84              switch(RS485_BUF[0])
85              {
86                  case 0x55:
87                      if(RS485_BUF[1] == 0xBB)
88                      {
89                          switch(RS485_BUF[2])
90                          {
91                              case 0x23:    //暖风
92
93                              LED2 = ~LED2;
94
95                              if(RS485_BUF[3] == 1)
96                              {
97                                  Relay_Handle1(1);
98                              }
99                              else
100                             {
101                                 Relay_Handle1(0);
102                             }
103
104                             break;
105
106                         default:
107
108                             break;
109
110                         }
111                      }
112                      break;
113                 default:
114                     break;
115             }
```

图 5-27   自动温控系统代码

智能终端下发温控系统控制指令如表 5-6 所示。

表 5-6   智能终端下发温控系统控制指令

包头		设备 ID	状态位	保留	保留	保留	包尾
0x55	0xBB	0x23	0：关闭 1：开启	0xXX	0xXX	0xXX	0xBB

当接收到智能终端下发数据第 3 位为 0x23 表示为温控系统的控制指令；判断第 4 位数据为 1 时开启温控系统，为 0 时关闭温控系统。

到这里我们就已经完成了自动温控系统联动控制任务的硬件底层驱动开发，下面我们将进行 Android 应用开发，学习如何使用智能终端下发控制指令数据，控制底层设备状态。

3. Android 应用开发

(1) 自动温控系统 UI 设计。

在这个布局中增加温控的开启和关闭的控件并增加温度数值的监控控件，这个控件可以实时获取设备传输的温度数值，并同步显示在控件内。其系统界面如图 5-28 所示。

图 5-28 自动温控系统 UI 设计

开启自动控制后，会根据设备传输的温度进行判断，如果低于预设的阈值就自动开启温控系统。当用户手动关闭或打开温控时，程序会自动将 Switch 关闭。

（2）下发底层设备控制指令及自动功能设计。

在 LongRunningService 服务中重写 onStartCommand 方法来后台执行程序。使用线程获取 Socket 接收到的环境温度数据，然后根据获取到的环境温度去控制温控设备是否开启。

```
//TODO 自动温控
if(HeaterFragment.newInstance().toggle_status) {
    MainActivity.mainActivity.runOnUiThread(new Runnable() {
        @Override
        public void run() {
if(DataFragment.newInstance().dataPacket.containsKey(DataItem.DataType.
environment)) {
            DefaultPacket dataItem=DataFragment.newInstance().dataPacket.
get(DataItem.DataType.environment);
            if (dataItem != null) {
                if (dataItem.value[1] <= 5) {
                    HeaterFragment.newInstance().changeAuto(true);
                } else if (dataItem.value[0]  >= 30) {
```

```
                    HeaterFragment. newInstance( ). changeAuto(false) ;
            }
          }
        }
      }
    });
}
```

当获取到环境温度的值小于 5℃时，就调用控件中的方法发送开启暖风的指令；当获取到的环境温度值大于 30℃时则关闭暖风。

（3）结果预览。

运行项目并切换到温控系统的界面（如图 5-29 所示），由于在运行的过程中未连接到嵌入式设备，所以设备状况呈红色。点击界面中的"开启"或"关闭"按钮控制暖风的开启或关闭。当选中温度自动控制时，应用程序会根据获取到的温度自动控制暖风开启或关闭。

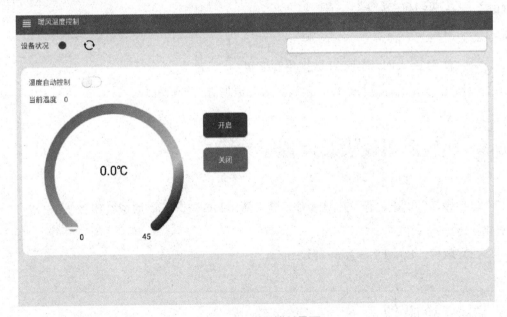

图 5-29　暖风控制界面

6 基于 AI 的智慧农业拓展应用

6.1 实验目的

（1）熟悉 EasyDL、Android Studio。

（2）了解如何训练 AI 数据集。

6.2 实验内容

（1）使用 EasyDL 训练 AI 数据集和模型。

（2）用 Java 语言编写程序，运用算法对数据进行分析处理。

6.3 实验所用仪表及设备

（1）硬件：电脑一台（默认操作系统：Windows 10）、海康威视摄像头一台、二氧化碳传感器一个。

（2）软件：EasyDL、Android Studio。

6.4 实验原理

6.4.1 EasyDL 平台

EasyDL 是基于飞桨开源深度学习平台，面向企业 AI 应用开发者的零门槛的 AI 开发平台，可以实现零算法基础定制高精度 AI 模型，并且提供一站式的智能标注、模型训练、服务部署等全流程功能，内置丰富的预训练模型，支持公有云、设备端、私有服务器、软硬一体方案等灵活的部署方式。其官网页面如图 6-1 所示，官方网址：https://ai.baidu.com/easydl/。

图 6-1 EasyDL 官方页面

6.4.2 AI 开发基础知识

1. AI 概念及基本原理

人工智能（Artificial Intelligence，AI）是研究、开发用于模拟、延伸和扩展人的智能的理论、方法、技术及应用系统的一门新的技术科学。人工智能企图生产出一种新的能以人类智能相似的方式做出反应的智能机器，该领域的研究包括机器人、语言识别、图像识别、自然语言处理等。

EasyDL 平台主要使用了深度学习的技术，深度学习是机器学习（Machine Learning，ML）领域中一个新的研究方向。通过学习样本数据的内在规律和表示层次，最终目标是让机器能够像人一样具有分析学习能力，能够识别文字、图像和声音等数据。

2. AI 模型训练的基本流程

AI 模型训练的基本流程如图 6-2 所示，共有 6 个步骤。

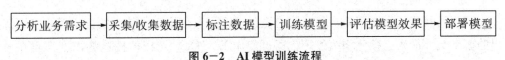

图 6-2 AI 模型训练流程

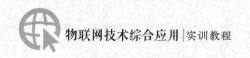

（1）分析业务需求。

在正式启动训练模型之前，需要有效分析和拆解业务需求，明确模型类型如何选择。这里我们可以举一些实际业务场景进行分析。

举例：原始业务需求是某企业希望为某个高端小区物业做一套智能监控系统，希望对多种现象进行智能监控并及时预警，包括保安是否在岗、小区是否有异常噪音、小区内各个区域的垃圾桶是否已满等多个业务功能。

针对这些原始业务需求，我们可以分析出不同的监控对象所在的位置不同、监控的数据类型不同（有的针对图片进行识别，有的针对声音进行判断），需要多个模型综合应用。

监控保安是否在岗——通过图像分类模型进行判断。

监控小区是否有异常噪音——定时收集声音片段，通过声音分类模型进行判断。

监控小区内各个区域垃圾桶是否已满——由于监控区域采集的画面可能会存在多个垃圾桶，需要通过物体检测模型进行判断。

（2）采集/收集数据。

在通过上述第一步分析出基本的模型类型后，需要进行相应的数据采集工作。主要原则为尽可能地采集与真实业务场景一致的数据，并覆盖可能有的各种情况。

（3）标注数据。

采集数据后，可以通过 EasyDL 在线标注工具或线下其他标注工具对已有的数据进行标注。如上述保安是否在岗的图像分类模型，需要将监控视频抽帧后的图片按照【在岗】及【未在岗】两类进行整理；对于小区内各个区域垃圾桶是否已满，需要将监控视频抽帧后的图片按照其中每个垃圾桶的【空】【满】两种状态进行标注。

（4）训练模型。

训练模型阶段可以将已经标注好的数据基于已经确定的初步模型类型，选择算法进行训练。通过使用 EasyDL 平台，可以可视化在线操作训练任务的启停、配置，并大幅减少线下搭建训练环境、自主编写算法代码的相关成本。

（5）评估模型效果。

训练后的模型在正式集成之前，需要评估模型效果是否可用。在这个环节上 EasyDL 提供了详细的模型评估报告，以及在线可视化上传数据测试模型效果的功能。

（6）部署模型。

当确认模型效果可用后，可以将模型部署至生产环境中。传统的方式需要将训练出的模型文件加入工程化相关处理，通过使用 EasyDL，可以便捷地将模型部署在公有云服务器或本地设备上，通过 API 或 SDK 集成应用，或直接购买软硬一体产品，有效应对各种业务场景所需，提供效果与性能兼具的服务。

6.5　实验步骤

6.5.1　农作物生产状况监测任务

在此任务中需要使用 EasyDL 识别农作物，完成对农作物的生长监测。Android 应用将摄像头的图像信息通过 Http 协议发送到 EasgDL 接口时，接口就会回传识别到的结果。其生长识别流程如图 6-3 所示。

图 6-3　生长识别流程

1. 分析业务需求，选择模型

本任务需要监测农作物生产状况，由于监控区域采集的画面会存在多颗农作物，因此我们选择通过物体检测模型进行判断。

（1）在 EasyDL 的首页，点击"立即使用"，选择"物体检测"，如图 6-4 所示。在这个任务中检测农作物的生长周期需要让程序去识别摄像头图像中农作物的信息，所以最好的识别方法之一是通过模型训练，根据训练的成果，使程序可以识别出摄像头图像中农作物的生长周期。

图 6-4　模型选择

（2）点击"创建模型"。由于需要检测农作物生长，所以需要创建检测农作物生长的模型，如图 6-5 所示。创建完成后，根据要求填写相应的信息。

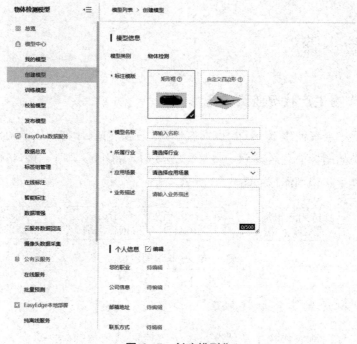

图 6-5　创建模型集

2. 标注数据，创建数据集

（1）在数据总览中创建新的数据集，命名为生长检测，如图 6-6 所示，点击"完成"。

图 6-6　创建数据集

（2）创建完成后，数据总览中会出现如图 6-7 的数据集信息，在这个数据集里增加随机性的图片实现模型的识别训练。

图 6-7 生长周期数据集

（3）点击"导入"，进入一个新的界面。在图 6-8 的下方的"导入方式"处选择导入图片，将训练的样本加载到数据集中，点击"保存"。

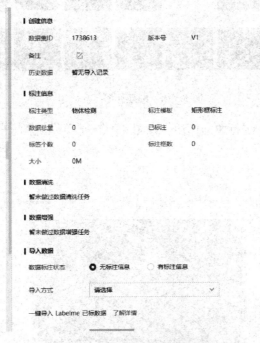

图 6-8 数据集导入

（4）导入完成后，数据集中就会显示样本的数量以及标注的信息，如图 6-9 所示。点击"查看与标注"就可以对模型进行训练。

版本	数据集ID	数据量	最近导入状态	标注类型	标注状态	清洗状态	操作
V1 ⊖	1738613	49	● 已完成 ①	物体检测	0% (0/49)	-	查看与标注 多人标注 导入 清洗 ⋯

图 6-9 样本的数量以及标注的信息

（5）农作物中存在幼苗期、生长期、成熟期 3 个生长周期，所以在训练时应创建对应的标签，如图 6-10 所示。

图 6-10　创建标签

（6）创建好标签后，进行数据标注，如图 6-11 所示，根据自己的判断选出符合生长周期的农作物。

图 6-11　数据标注

3. 训练模型

（1）数据标注完成后，即可在训练模型中进行部署训练，如图 6-12 所示。

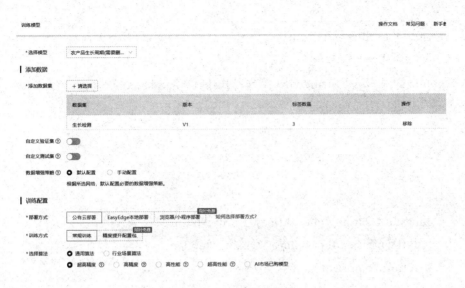

图 6-12　部署训练

（2）当出现如图 6-13 所示数据时（需要先进行发布，审核通过后就可以通过控制台显调用数据），证明模型训练完成，可以进行调用识别了。

图 6-13　完成训练

（3）在百度智能云控制台的应用列表中，根据提示创建新的应用，创建完成后，就可以根据对应的开发文档调用训练好的模型数据，如图 6-14 所示。

图 6-14　调用模型数据

4. Android 根据 EasyDL 的部署文档封装算法

通过 Http 请求，将图片信息打包为 Base64 信息，并将这个数据通过 Http 协议上传到 EasyDL，识别完成后会回调数据，Android 根据这个数据绘制出识别到的物体。这里仅展示部分代码，详细代码参考项目中 tools 路径下 EasydllImageClassify 文件。

```
public class EasydlImageClassify {
    //农作物生长检测
    public static final String GROWS="https://aip.baidubce.com/rpc/2.0/ai_
custom/v1/detection/grows";


    /**
    * 二重压缩
    **/
    public static Bitmap buildBitmap(Bitmap bitmap){
        Bitmap bitmap1=compressQuality(bitmap);
        return compressQuality(bitmap1);
    }


    public static String easydlImageClassify(String url, Bitmap bitmap) {
        // 请求 url
        try {
            Map<String, Object> map=new HashMap<>();
            map.put("image", byte2Base64(bitmap2Byte(bitmap)));
            String param=JSON.toJSONString(map);
            // 注意这里仅为了简化编码每一次请求都去获取 access_token,线
上环境 access_token 有过期时间, 客户端可自行缓存,过期后重新获取。
            String accessToken=AuthService.getAuth();

            String result=HttpUtil.post(url,accessToken,"application/json", param);
            System.out.println(result);
            return result;
        } catch (Exception e) {
            e.printStackTrace();
        }
        return null;
    }


}
```

6.5.2 农作物病虫害状况监测任务

在本项目中需要使用 AI 识别农作物的病虫害，同样也是通过 EasyDL 进行识别判断。

1. 分析业务需求，选择模型

（1）在 EasyDL 的首页点击"立即使用"，选择"物体检测"。训练出病虫害的模型。模型选择如图 6-15 所示。

图 6-15 模型选择

（2）点击"创建模型"，创建病虫害的模型，如图 6-16 所示。

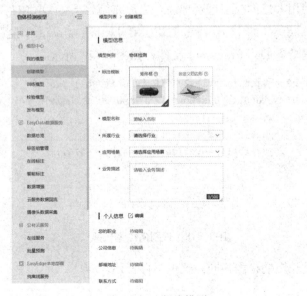

图 6-16 创建模型

2. 数据集创建

（1）在数据总览中创建新的数据集，命名为病虫害识别（如图 6-17 所示），点击"完成"。

图 6-17 创建数据集

（2）同 6.5.1 农作物生产状况监测任务中图 6-10 的设置标签与图 6-11 的数据标注设置病虫害的识别与读取，即可完成对数据集的标注。

3. 识别病虫害

病虫害需要使用大量的模型进行标注，之后再结合 EasyDL 中自动识别的病虫害模型信息，通过 Android 的 Http 请求调用。在 DataFragment 中监听触发识别病虫害按键。详细代码参考 DataFragment 文件，如图 6-18 所示。

```
93     b2 = view.findViewById(R.id.button6);
94     b1.setOnClickListener(new View.OnClickListener() {
95         @Override
96         public void onClick(View v) {
97             toAI(EasydlImageClassify.PESTS);
98
99         }
100    });
```

图 6-18 识别病虫害代码

其余方法与生长周期检测相同，这里不再赘述。

6.5.3 农业大棚险情状况监测任务

在大棚中的险情一般是二氧化碳浓度超标、温度过高影响农作物生长。所以本实验的任务是检测大棚中的二氧化碳浓度值和温度值，当这两个值出现异常时就证明有险情。网络环境配置与服务创建与上述两个任务相同，在此不再赘述。

由于本任务与联动控制类似，所以核心算法在 LongRunningService 中实现，详细代码参考项目中的 LongRunningService 文件。

```
@Override
public int onStartCommand(Intent intent, int flags, int startId) {
    new Thread(new Runnable() {
        @Override
        public void run() {
            //TODO 险情判断
if(DataFragment. newInstance(). dataPacket. containsKey(DataItem. DataType.
environment)) {
                DefaultPacket dataItem=DataFragment. newInstance(). dataPacket.
get(DataItem. DataType . environment);
                DefaultPacket d2=DataFragment. newInstance(). dataPacket.
get(DataItem. DataType. co2);
                if(dataItem != null && d2 != null){
                    if(dataItem. value[1] > 50 && d2. value[0] > 1000){
                        MainActivity. addInfo("检测到大棚内温度与二氧化碳
值异常");

                    }
                }
            }
        }
    }
}).start();
```

当检测到的温度高于 50℃或二氧化碳的浓度高于 1000ppm 时证明出现了险情。

附　录

附录一　智能网关与路由器配置

　　智能网关作为接收上传传感器数据的中转设备，需要与路由器进行连接，保证智能终端能接收下发数据。此外，在连接路由器之前，需使用 AT 指令将智能网关配置为 STA 模式。AT 指令的介绍和使用参照附录二 AT 指令，在下方配置流程中不做赘述。

一、硬件准备

1. 硬件连接准备

（1）智能网关一个。

（2）公头 RS232 延长线一条。

（3）USB-RS232 串口线一条。

（4）DC 电源（默认 12V）。

（5）电脑一台（默认操作系统：Windows 10）。

（6）路由器（名称：TP-LINK_F91A。密码：12345678）。

　　使用公头 RS232 延长线＋USB-RS232 串口线连接电脑，连接示意图如附图 1-1 所示。

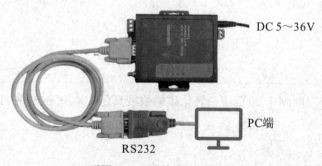

附图 1-1　硬件连接示意图

二、配置流程

1. 配置步骤

（1）使用 USB-RS232 连接线连接智能网关与电脑后，打开设备管理器查看 USB-RS232 线连接端口号，如附图 1-2 所示端口号为 COM18。

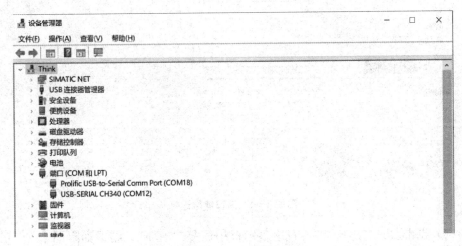

附图 1-2　设备管理器

（2）打开 USR-W610/W630 设置软件的文件夹，其文件目录如附图 1-3 所示。鼠标左键双击 ATSetup.exe，启动此应用程序。

en	2017/3/17 11:17	文件夹	
zh-CHS	2017/3/17 11:17	文件夹	
ATSetup.exe	2017/4/11 16:14	应用程序	153 KB
ATSetup.exe.config	2022/11/5 11:05	Configuration 源...	3 KB
contact_en.txt	2016/7/28 16:07	文本文档	1 KB
contact_zh.txt	2016/7/28 16:59	文本文档	1 KB
info_en.txt	2016/7/28 16:06	文本文档	1 KB
info_zh.txt	2016/7/28 16:58	文本文档	1 KB
logo.ico	2014/11/21 16:05	图标	133 KB
logo.png	2016/6/13 14:34	PNG 文件	6 KB
version.txt	2017/4/11 16:25	文本文档	1 KB
软件使用说明.txt	2016/9/2 15:46	文本文档	1 KB

附图 1-3　USR-W610/W630 设置软件文件目录

软件可在提供的配套软件工具里查找，也可通过下方地址下载。

USR-W610/W630 设置软件下载地址：https://www.usr.cn/Download/707.html。

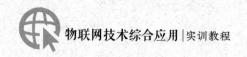

（3）配置串口参数，如附图 1-4 所示，选择端口号（COM18）、波特率（出厂默认：57600）、校验位（NONE）、数据位（默认：8bit）、停止位（默认：1bit）。

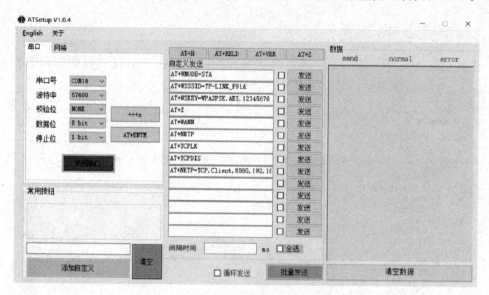

附图 1-4　串口参数选择

（4）点击发送"+++a"，右边显示框中回复"+ok"，结果如附图 1-5 所示，进入 AT 指令配置模式。

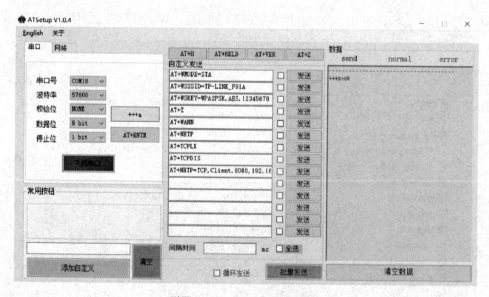

附图 1-5　进入 AT 指令配置

（5）发送"AT+WMODE=STA"指令，将智能网关设置成 STA 模式，结果如附图 1-6 所示。

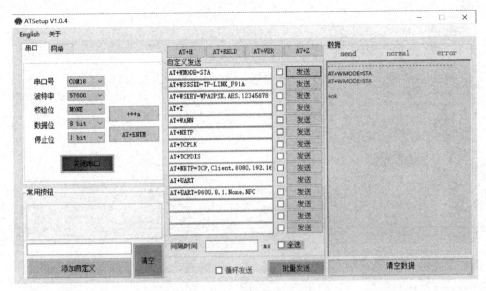

附图 1-6　配置 STA 模式

(6) 发送"AT+WSSSID=TP-LINK_F91A"指令，这个指令的作用是连接路由器 WiFi。连接成功后，发送"AT+WSKEY=WPA2PSK，AES，12345678"指令，这个指令的作用是填入路由器 WiFi 名称及密码，结果如附图 1-7 所示。

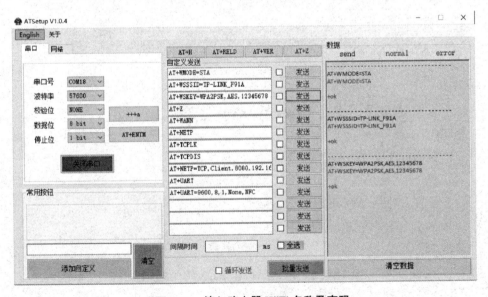

附图 1-7　填入路由器 WiFi 名称及密码

(7) 完成上述操作后，发送"AT+Z"指令重启模块，完成对智能网关的设置。

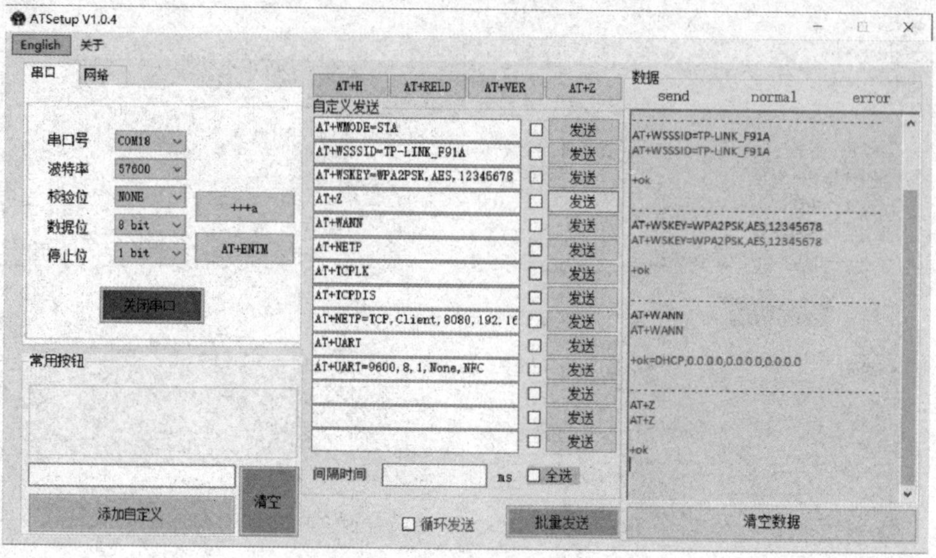

附图1-8　重启模块

附录二　AT 指令

一、AT+WMODE

功能：

设置/查询 WiFi 操作模式（AP 或者 STA）。

格式：

查询：AT+WMODE<CR>

+ok=<mode><CR><LF><CR><LF>

设置：AT+WMODE=<mode><CR>

+ok<CR><LF><CR><LF>

参数：

mode：WiFi 操作模式，包括 AP 和 STA 两个模式。

AP：无线接入点模式。

STA：无线终端模式。

重启模块后，设置的参数生效。

二、AT+WSSSID

功能：

设置/查询 WiFi STA 模式下的 AP SSID。

格式：

查询：AT+WSSSID<CR>

+ok=<ap's SSID ><CR><LF><CR><LF>

设置：AT+ WSSSID=< ap's SSID ><CR>

+ok<CR><LF><CR><LF>

参数：

ap's SSID：AP 的 SSID，设置范围 1~32 个字节。

该参数只在 STA 模式下有效，重启模块后，设置的参数生效。在 AP 模式下也可以设置这些参数。

三、AT+WSKEY

功能：

设置/查询 WiFi STA 模式下的加密参数。

格式：

查询：AT+WSKEY<CR>

+ok=<auth, encry, key><CR><LF><CR><LF>

设置：AT+WSKEY=<auth, encry, key><CR>

+ok<CR><LF><CR><LF>

参数：

auth：认证模式，包括 OPEN，SHARED，WPAPSK，WPA2PSK。

encry：加密算法，包括以下 5 种。

NONE：auth=OPEN 时有效。

WEP-H：auth=OPEN 或 SHARED 时有效（WEP，HEX）。

WEP-A：auth=OPEN 或 SHARED 时有效（WEP，ASCII）。

TKIP：auth= WPAPSK/WPA2PSK 时有效。

AES：auth= WPAPSK/WPA2PSK 时有效。

key：密码。当 encry=WEP-H 时，密码为 16 进制数，10 位或 26 位；当 encry=WEP-A 时，密码为 ASCII 码，5 位或 13 位；WPA-PSK 和 WPA2-PSK 密码 ASCII 码是 8~63 位。

该参数只在 STA 模式下有效，重启模块后，设置的参数生效。在 AP 模式下也可以设置这些参数。

四、AT+Z

功能：

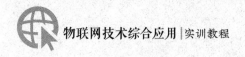

重启模块。

格式：

AT+Z<CR>

五、AT+WANN

功能：

设置/查询 WAN 设置，只在 STA 模式下有效。

格式：

查询：AT+WANN<CR>

+ok=<mode，address，mask，gateway><CR><LF><CR><LF>

设置：AT+WANN=<mode，address，mask，gateway><CR>

+ok<CR><LF><CR><LF>

参数：

mode：WAN 口 IP 模式，如 TATIC，静态 IP；DHCP，动态 IP。

address.：WAN 口 IP 地址。

mask：WAN 口子网掩码。

六、AT+NETP

功能：

设置/查询网络协议参数。

格式：

查询：AT+NETP<CR>

+ok=<protocol，CS，port，IP><CR><LF><CR><LF>

设置：AT+NETP=<protocol，CS，port，IP><CR>

+ok<CR><LF><CR><LF>

参数：

protocol：协议类型，包括 TCP，UDP。

CS：服务器端或客户端（包括 SERVER：服务器端；CLIENT：客户端）。

port：协议端口，10 进制数，小于 65535。

注意 TCP Server 和 UDP Server 时，不可以是 80（Http 端口）、8000（WebSocket 端口）、49000（USR－link 端口）。

IP：模块为 TCP client 或 UDP 时，服务器的地址（可以输入服务器的 IP 地址，也可以是服务器域名）

重启模块后，设置的参数生效。

物联网技术综合应用｜实训教程

附录三　数据传输协议

一、数据结构

1. 底层向上位机上传数据的结构

数据由 8 个字节组成，如附表 3-1 所示，前 2 个字节为数据包头（0x55，0xAA）固定不变，第 3 个为设备 ID，第 4～7 个为数据位，第 8 个为包尾（0xBB）固定不变。

附表 3-1　底层向上位机上传数据结构

Byte [0]	Byte [1]	Byte [2]	Byte [3]	Byte [4]	Byte [5]	Byte [6]	Byte [7]
包头		设备 ID	数据 1	数据 2	数据 3	数据 4	包尾
0x55	0xAA	0xXX	0xXX	0xXX	0xXX	0xXX	0xBB

2. 上位机向底层下发数据的结构

数据由 8 个字节组成，如附表 3-2 所示，前 2 个字节为数据包头（0x55，0xAA）固定不变，第 3 个为设备 ID，第 4～7 个为数据位，第 8 个为包尾（0xBB）固定不变。

附表 3-2　上位机向底层下发数据结构

Byte [0]	Byte [1]	Byte [2]	Byte [3]	Byte [4]	Byte [5]	Byte [6]	Byte [7]
包头		设备 ID	数据 1	数据 2	数据 3	数据 4	包尾
0x55	0xBB	0xXX	0xXX	0xXX	0xXX	0xXX	0xBB

3. 设备 ID 对照表

设备 ID 为自定义，可根据需求修改，设备 ID 对应表如附表 3-3 所示。

附表 3-3　设备 ID 对应表

设备 ID（Byte [2]）	设备名称
0x01	光照度传感器
0x02	温湿度传感器

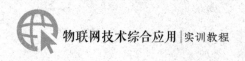物联网技术综合应用 实训教程

续表

设备 ID（Byte [2]）	设备名称
0x03	二氧化碳浓度传感器
0x04	土壤湿度传感器
0x05	联动控制照明单元
0x20	联动控制风扇单元
0x21	联动控制灌溉单元
0x22	联动控制卷帘单元
0x23	联动控制暖风单元

二、设备上传数据格式

设备向 App 上传的数据长度为 5 个字节，每个设备根据不同的数据上传格式上传数据，部分字节未使用到，默认上传 0x00。

1. 光照度传感器

设备上传数据共使用 4 个字节，如附表 3-4 所示，依次为设备 ID、光照度值高 8 位、光照度值中 8 位、光照度值低 8 位，光照度值精度为整数，没有小数部分，单位是 lux（范围：0～20 万 lux）。

附表 3-4　光照度传感器上传数据格式

Byte [2]	Byte [3]	Byte [4]	Byte [5]
0x01	光照度值高 8 位	光照度值中 8 位	光照度值低 8 位

2. 温湿度传感器

设备上传数据共使用 5 个字节，如附表 3-5 所示，依次为设备 ID、湿度值高 8 位、湿度值低 8 位、温度值高 8 位、温度值低 8 位，温度、湿度值为正常值 10 倍（16 进制值除以 10 即可得到正常值），湿度单位为％RH（范围：0～100％RH），温度单位为℃（范围：−40～100℃）。

附表 3-5　温湿度传感器上传数据格式

Byte [2]	Byte [3]	Byte [4]	Byte [5]	Byte [6]
0x02	湿度值高 8 位	湿度值低 8 位	温度值高 8 位	温度值低 8 位

3. 二氧化碳浓度传感器

设备上传数据共使用 3 个字节，如附表 3-6 所示，依次为设备 ID、二氧化碳浓度值高 8 位、二氧化碳浓度值低 8 位，二氧化碳浓度值精度为整数，没有小数部分，单位为 ppm（范围：0～5000ppm）。

附表 3-6　二氧化碳传感器上传数据格式

Byte [2]	Byte [3]	Byte [4]
0x03	二氧化碳浓度值高 8 位	二氧化碳浓度值低 8 位

4. 土壤湿度传感器

设备上传数据共使用 3 个字节，如附表 3-7 所示，依次为设备 ID、湿度值高 8 位、湿度低 8 位，湿度值为正常值 10 倍（16 进制值除以 10 即可得到正常值），湿度单位为%RH（范围：0～100%RH）。

附表 3-7　土壤水分温度导电率传感器上传数据格式

Byte [2]	Byte [3]	Byte [4]
0x04	湿度值高 8 位	湿度值低 8 位

5. 联动控制照明单位

设备上传数据共使用 2 个字节，分别为设备 ID 和运行状态位，其数据格式如附表 3-8 所示。

附表 3-8　联动控制照明单位上传数据格式

Byte [2]	Byte [3]
0x05	状态位（0：关闭　1：开启）

6. 联动控制风扇单元

设备上传数据共使用 2 个字节，分别为设备 ID 和运行状态位，其数据格式如附表 3-9 所示。

附表 3-9　联动控制风扇单元上传数据格式

Byte [2]	Byte [3]
0x20	状态位（0：关闭　1：开启）

7. 联动控制灌溉单元

设备上传数据共使用 2 个字节，分别为设备 ID 和运行状态位，其数据格式如附表 3-10 所示。

附表 3-10　联动控制灌溉单元上传数据格式

Byte [2]	Byte [3]
0x21	状态位（0：关闭　1：开启）

8. 联动控制卷帘单元

设备上传数据共使用 2 个字节，分别为设备 ID 和运行状态位，其数据格式如附表 3-11 所示。

附表 3-11　联动控制卷帘单元上传数据格式

Byte [2]	Byte [3]
0x22	状态位（0：停止 1：开启 2：关闭）

9. 联动控制暖风单元

设备上传数据共使用 2 个字节，分别为设备 ID 和运行状态位，其数据格式如附表 3-12 所示。

附表 3-12　联动控制暖风单元上传数据格式

Byte [2]	Byte [3]
0x23	状态位（0：关闭　1：开启）

参考文献

[1] 贾益刚. 物联网技术在环境监测和预警中的应用研究 [J]. 上海建设科技, 2010, 82 (6)：65-67.

[2] 晨曦. 说说物联网那些事情 [J]. 今日科苑, 2011, 238 (20)：54-59.

[3] 黄静. 物联网综述 [J]. 北京财贸职业学院学报, 2016, 32 (6)：21-26.

[4] 宋志秋, 郭晓丹. 物联网在图书馆管理中的关键技术分析 [J]. 自动化技术与应用, 2012, 31 (9)：36-39.

[5] 张海锋, 李玮. 基于物联网的海上油田集中管控系统的研究与应用 [J]. 资源节约与环保, 2018, 200 (7)：128-131.

[6] 邹美强. 物联网技术在智能交通系统中的应用 [J]. 交通世界, 2020, 548 (26)：20-21.

[7] 周扬帆. 物联网技术在智慧医疗中的应用 [J]. 广东蚕业, 2018, 52 (11)：149-150.

[8] 杨一凡. 智慧农业大棚监控系统的设计与实现研究 [J]. 南方农机, 2023, 54 (2)：171-173.

[9] 郝艳艳. 基于多传感器的农业信息采集系统设计 [J]. 长江信息通信, 2023, 36 (1)：99-102.

[10] 张贤杰. 智能化环境监测系统分析与设计研究 [J]. 黑龙江科学, 2020, 11 (22)：90-91.

[11] 秦伟. 温湿度监测系统设计 [D]. 西安：长安大学, 2013.

[12] 吴兴刚, 余鹏, 李天鹰. 基于STM32单片机的土壤湿度监测装置设计 [J]. 信息系统工程, 2018 (6)：33.

[13] 陈曦. 二氧化碳浓度实时监测方法及其应用 [J]. 化工管理, 2021 (11)：52-53.

[14] 卢亚辉, 张纬华, 和飞飞, 等. 图像数据采集及智能识别技术研究 [J]. 机电工程技术, 2023, 52 (2)：163-167.

[15] 朱斌. 基于物联网技术的智慧农业大棚监测系统研究 [J]. 南方农机, 2023, 54 (6)：84-86.

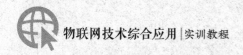
［16］陈家儒，薛艳，杜冬月，等. 基于物联网技术的智慧农业大棚动态监测与决策系统［J］. 河南科技，2021，40（36）：13－17.

［17］单慧勇，张程皓，李晨阳，等. 温室环境自动调控系统设计［J］. 河南农业科学，2021，50（8）：174－180.

［18］王勤湧. 自动温控农业大棚的设计［J］. 电子技术与软件工程，2019，168（22）：95－96.

［19］韩培珊，郑晓君，谢松，等. 一个智慧门禁系统的软件设计与实现［J］. 现代计算机，2022，28（16）：118－120.